実例でわかる即効解決

# 気になる犬のかみぐせを直す

愛犬の友編集部 編

# CONTENTS

CHAPTER 2 42

## 犬はどうして かみつくようになるの？



CHAPTER 3 62

## 子犬とかみつきと 社会化期のかかわり

C O N T E N T S

INTRODUCTION

# はじめに

念願の子犬がわが家にやってきました。
チョコチョコと遊ぶ姿に笑顔がこぼれ、
スヤスヤと眠る姿に癒され、
カプッと甘がみされて苦笑い…。

しかし、苦笑いのままですませていいのでしょうか?
答えはもちろんＮＯです。
犬にとってかむという行為にはいろいろな理由があります。
それらの核になっているのが【自分を守る】ということです。
子犬だからしょうがないと甘がみを放っておくと、
成長した後も、かみつくことで自分を守ろうとし、
その結果、悲しいことになってしまうことがあります。

そうならないためにも、
愛犬のココロの動きをしっかりと読み解き、
家族はもちろん、他人や他の犬にも慕われる
〝愛され上手〟な犬に育てていきましょう。

IN EACH CASE

CHAPTER 1

# ケースごとに解決する
# 〝困った〟解決方法

かみつきの問題は飼い主にとっては
深刻な問題です。
いつケガをしてしまうか、
ケガをさせてしまうか…
ヒヤヒヤしてしまいますね。
ここでは、ケース別にかみつきの問題を
少しでも遠ざけるための
しつけ方法をご紹介します。

IN ORDER TO SOLVE

# なでたりさわろうとするだけで手をかんでくるので困ってます

なでようとするときにかみつくのは、さわられた場所がイヤな場所であるか、人にさわられること自体が苦手である可能性があります。いずれにしても、原因は根深い可能性もあるので、じっくりと時間をかけて「さわられても不快なことはない」と教えていきましょう。教えていく過程で、ごほうびとしてオヤツなどの好物が必要です。好物さえも受け入れないほどイヤがるなら、無理をしないようにしましょう。

また、犬との関係性を向上させるために基本のトレーニングはかかせません。かみつきのしつけをする場合は、しつけ教室でも訓練所などでも必ず行います。

また、さわった場所に痛みがあるとかむことがあります。なでたところが痛いと、犬は鳴いたりかみついたりするしかアピールする方法がありません。病院へ早めに向かい、日常生活でもよく観察して犬の健康状態をよく見ておきましょう。

## 知ろう ドコにさわるとかみつくの？

**顔周辺**
顔周りをイヤがる犬は多く、とくに初対面の人にさわられるのをきらいます。

**体**
体のどこかにもよりますが、体をイヤがる場合は痛みがあるかもしれません。

**しっぽ**
しっぽもイタズラに刺激するとかみつかれやすい場所です。さわるなら慣れてからにしましょう。

**足回り**
足先などは犬にとって苦手なところ。イタズラにさわらないでおきましょう。

無理にでもさわろうとする

しっぽを突然つかむ

## 知ろう これだけはしてはダメ！

無理矢理さわったり突然イヤがる場所をさわるのは絶対にNG。さわられるのがイヤでかみつく場合は、それがすでに犬の頭の中で定着してしまっています。問題を解消するまでは犬のイヤがるポイントにふれないでおきましょう。

## やってみよう さわられることへの抵抗をなくす

❶足先などは犬にとって苦手なところ。イタズラにさわらないでおきましょう。

❷タッチしたらすぐにオヤツをあげます。オヤツは小さく切ったものでOK。ここまでをひたすらくり返します。

❸さわる場所をイヤがる場所に近づけていきます。イヤがらないでいられたら、ここまでのステップを毎日くり返しましょう。

「さわられることがイヤ」と考えている犬に、「さわられるといいことがある」と教えていく方法です。ありきたりと言われつつある方法ですが、確実に効果が得られる方法はやっぱりこれ。効果を得たいならば、ひと通りの流れを1回2～3分、1日5回は行いましょう。

# 抱っこしようとすると なぜかかみついてきます。 抱っこしたらしたで かみつきはしないのに…

抱っこをしようとするとかみつくのは、抱っこをしようとした瞬間になにか痛みがあったか、不快だった過去があるのかもしれません。とくに、前肢だけを持って抱くような方法では、犬が痛いと感じるのは無理もないでしょう。それがきっかけで、抱っこのときに唸ったりかみつこうとするようになります。

まずは、あなた自身の抱っこの方法を改めてみましょう。そして、抱っこのコマンドを犬に教えます。抱っこのコマンドを教えることができれば、犬から進んで抱っこをするようになります。

ふつうにしている犬に抱っこを強要したり、突然抱っこすると必ず状態が悪化します。コマンドを犬が覚えるまでは無理強いをせず、犬の様子を見ながらトレーニングを行いましょう。

## あなたの抱き方に問題あり？　知ろう

前肢の根本をつかんで持ち上げるのは犬にとって結構つらい姿勢です。例えば、あなた自身があなたより大きな人に腕だけを持たれてぶら下げられると、手や肩が痛くなるでしょう。それと同じで、犬だって痛いところや痛い抱かれ方があります。かみつく犬を無理に抱っこすると、問題が悪化する可能性も。

犬が唸ったり、目をこわばらせたり、緊張した表情になったら要注意です。

## 危ないかなと感じたらやめておく　知ろう

抱っこをしようとしたときに唸ったり、危ないなと感じたら抱っこはさけましょう。無理にしてしまい、かまれてしまっては元も子もありません。むずかしいと判断したらその場は避けます。

## 抱っこのコマンドを教えよう　やってみよう

抱っこを自分の意思でさせるために、「ダッコ」というコマンドを犬に教えていきます。コマンドを教えることができれば自分から抱っこの状態になるので、かみつくことなく抱っこをすることができるようになります。

❶まずは足の上にのぼることからはじめていきます。オヤツで足の上に乗るまで誘導します。

❷足の上に乗るときに「ダッコ、ダッコ」とコマンドをかけて足に乗ることとダッコのコマンドを結びつけます。

❸　❷までができるようになったら、少し高い位置でも乗れるようにします。乗ることができたら、犬を優しく包み込み持ち上げます。

CASE STUDY

# 遊んでいるオモチャに手を出すとかまれました。遊びあきるのを待っている毎日です…

遊ぶのが好きでオモチャへの欲求が過剰になってしまった犬に多く起こる行動です。または、かみつく素振りを見せたら「飼い主にオモチャを取り上げられずにすんだ」という経験をすると、犬はこれを覚えてとられたくないときにかみつこうとします。また、オモチャに対する独占欲が強くなると、オモチャはオレのもの！という気持ちが強くなります。結果、本気でかんでくることもあります。せっかくの遊びが…と感じている方も少なくないでしょう。

まずはとくにかんでしまうオモチャを、一刻も早く犬に渡さないようにすることです。お気に入りのオモチャを渡してかまれるか、それともかまれない状況を作るかで状況は大きく変化します。それに併せて、欲求の弱いオモチャで「ハナセ」のトレーニングをしましょう。

## かみついてしまうほど好きなオモチャは渡さない 知ろう

犬にも好きなオモチャとそうでもないオモチャがあります。かみつくほど好きなオモチャがある犬なら、そのオモチャはもう今後一切渡さないでください。もし、関係なくすべてのオモチャに対してかみつく行動をとってしまうなら、オモチャで遊ぶこと以外の運動や遊びを考えましょう。

## 使ったら片付ける 心がけよう

オモチャは片付けておくのが基本です。とくにオモチャをとろうとするとかんでしまう犬ならなおさらでしょう。今はそこまで好きじゃないオモチャでも、放ったらかしにしておくと「オレのオモチャ！」となってしまい、トラブルを引き起こすオモチャが増えてしまうかもしれません。

## オヤツとオモチャの交換法 やってみよう

オヤツが大好きな犬なら、この方法で「ハナセ」を教えてみてください。このときの特別なオヤツがあればなおいいでしょう。ただし、オヤツよりもオモチャ派で、少しでも危ないかも？と感じたら控えます。

❶オモチャを持っている犬に対してオヤツを差し出します。このときすでに唸ったりするなら、バラまいてオヤツに注目させます。

❷犬がオモチャをはなしたら、すかさずオモチャを取ります。もし放さないようなら、少し離れた場所に細かくしたオヤツをバラまいてみてください。

❸そのまますぐにオヤツをあげましょう。もしこれができるような段階なら、オモチャのトラブルは充分に解決できるでしょう。

# 食器を片付けようとするとかまれそうになります。仕方なく、犬が動くまで待っているのですが…

ごはんが終わったと同時に食器を片付ける…というのは、飼い主からすれば当然のことでしょう。しかし、これを実行するとかみつかれてしまう…。食器を片付けるタイミングと、食べさせる環境を変えて取り組んでみましょう。

まず簡単な方法として、サークルの中でごはんをあげましょう。あらかじめサークルの前に細かく切ったオヤツをバラまいておきます。終わったらサークルの扉を開けて、バラまかれたオヤツを食べている最中にサークルを閉めて食器を片付けます。これを日常的に行うと、食器に対する「渡さない！」という気持ちも薄れます。

これと同じような方法を用いて、オヤツをサークルにバラまかずに手に持ったまま誘導し、別の部屋に連れて行って落ち着いているうちに食器を片付けます。そうすれば、飼い主は安心して食器を片付けられるでしょう。

## 知ろう 決して手を出さない

ごはんを食べている最中、少しでもかみついてしまう犬の場合は、ごはん中に犬にちょっかいを出さないようにしましょう。なでたりさわるのも禁止です。ごはんが終わるまで待ち、そのあとで行動します。

## やってみよう デザートで食器から気をそらす

家族に協力してもらい、デザートジャーキーに釣られている間に食器を片付けるのもいい方法。写真より離れてから片付けるといいでしょう。

ごはんを食べ終わったあとにジャーキーなどをあげます。そうすると、ごはんが終わるとオヤツがもらえると考えていくようになり、食べ終わったあとに自分から飼い主の元へ向かおうとするようになります。

## やってみよう サークルでごはんをあげる

サークルを用意すれば、食器と犬とを隔離することができます。今、まさに悩んでいる方はまずサークルなどを用意して実践してみてください。かみつかれないことと、食器への強い執着を薄めるためのステップです。

❶サークルで食事をさせます。まずは犬をサークルへ入れましょう。

❷サークルを閉めてごはんをあげます。食器を渡すときにかみつくなら、あらかじめ食器を入れておきます。

❸食べ終わったらサークルの扉を開けて、サークルから犬を出します。

❹出てきたらオヤツをあげます。そのあとに食器に向かおうとするなら、サークルの扉は閉めておきましょう。

CASE STUDY

# ソファやお気に入りの場所からどかそうとすると、かみつかれました。最初はこんなことはなかったのに…

自分のお気に入りの場所ができてしまい、そこを譲りたくないという心が芽生えてしまったのでしょう。そのうちに、唸ったりかみついたりしたらさらに自由にできるようになったことを覚えて、このような結果につながってしまったのだと思われます。

まず、愛犬が本気でかみついてしまう場合は、危険をおかさないような方法をとります。もっとも扱いやすい方法として、このケースには室内リードをつけておくことでしょう。本当にソファから犬をどかしたいときは、リードを使っておろします。または、ソファにあらかじめイヤがらせを仕掛けておけば、ソファの上に乗りたがらなくなるでしょう。

事前対策を施したら、次はトレーニングでソファの登り下りをコマンドでできるようにします。決して無理矢理は行わず、無理のない範囲ですすめていきましょう。

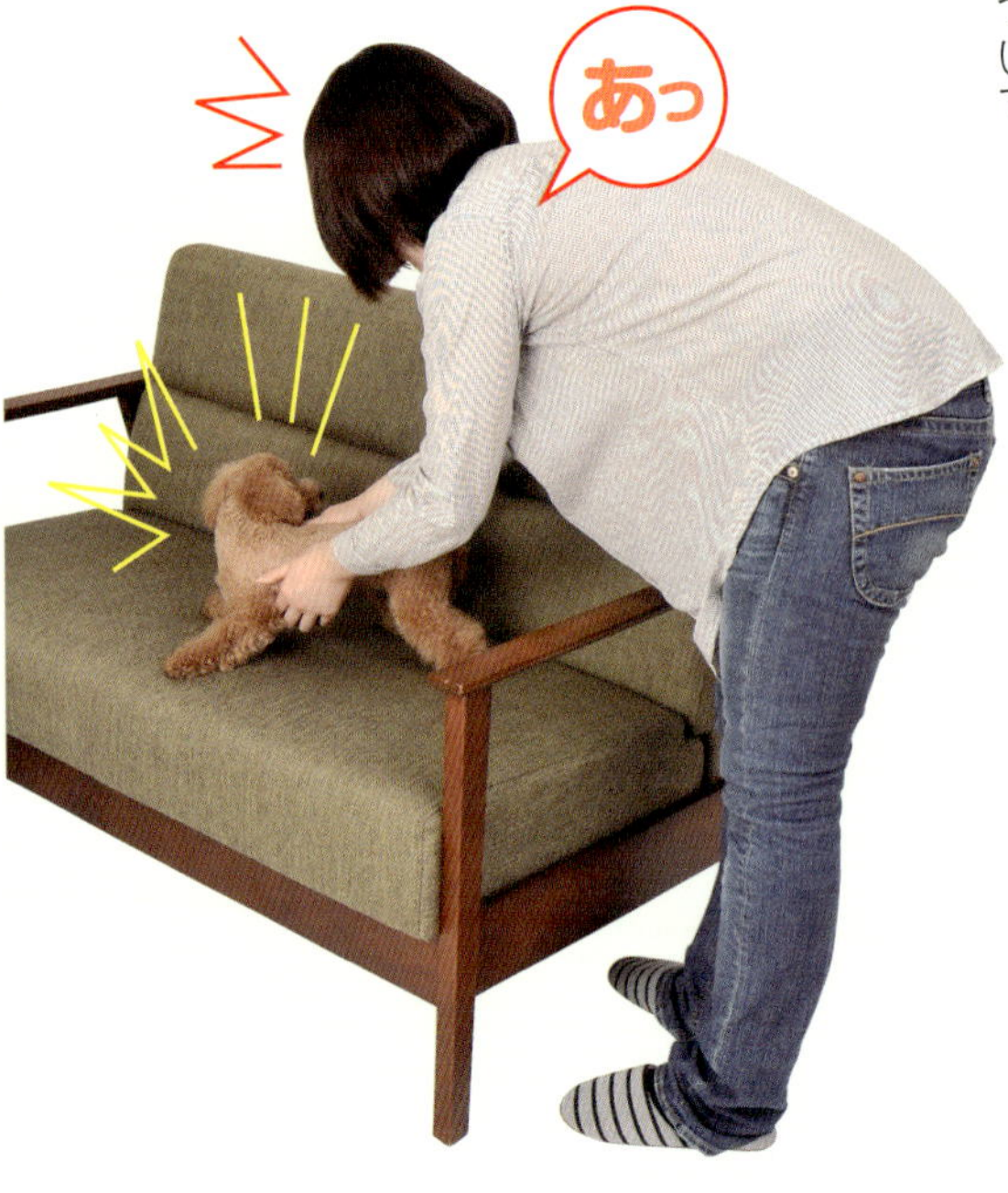

## 無理にどかそうとしない 知ろう

ケガを招いてしまうようなら、無理にソファからどかそうとしないようにしましょう。もしお客さんが来るときなどでもどかないようなら、トラブル回避のためにあらかじめ別の部屋かサークルに入れておきましょう。

## いやがらせでソファに苦手意識を やってみよう

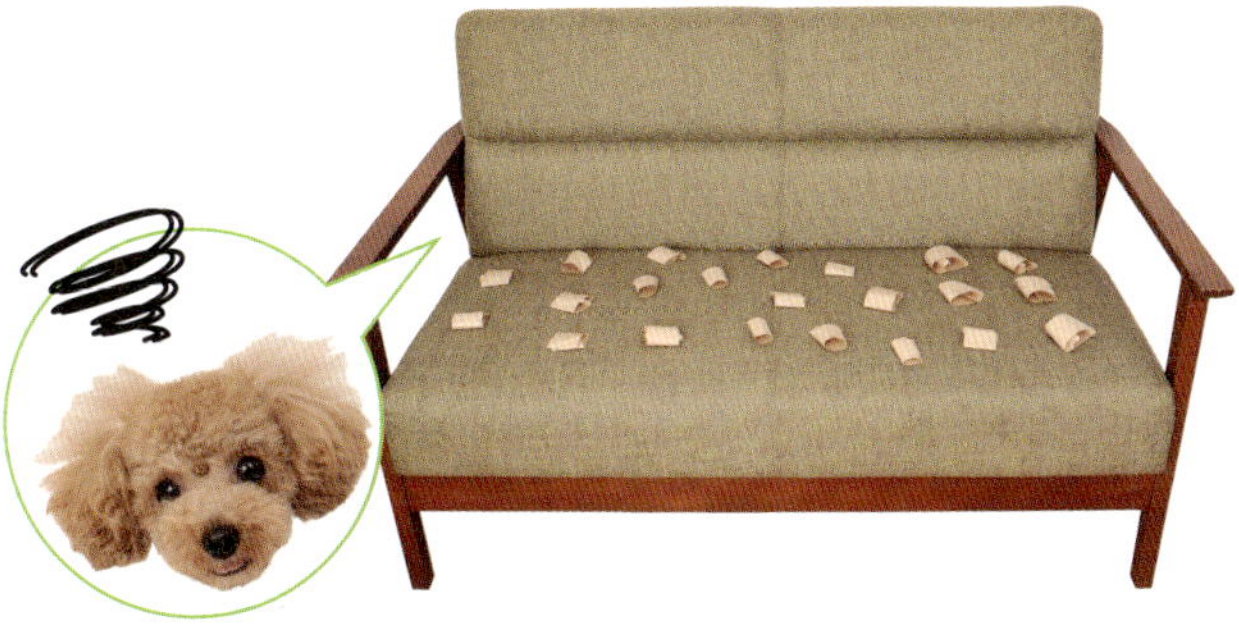

写真のようにビッシリとガムテープを貼り付けます。ガムテープをきらう犬は多く、ソファに乗ったときにそれは驚くでしょう。イヤな経験をした犬は、今後ソファに乗ろうとしません。ガムテープを外したあとまた乗るようになるなら、当分の間はガムテープをつけたままにしてください。

## ソファから下りるコマンドを教える やってみよう

ソファから下りるコマンドを犬に教えて、コマンドひとつでソファからどいてもらうように促します。コマンドを教えることができれば、無理矢理下ろすリスクも減ります。

❶ソファに乗っている犬の下に細かくしたオヤツをバラまきます。このトレーニングでしかあげない、特別なオヤツを用意しましょう。

❷犬が下りる瞬間に「オリテ」とコマンドをのせます。その後「ノッテ」などのコマンドで再び犬をソファに乗せます（ここではオヤツなし）。

❸これをくり返します。犬がオリテというコマンドに反応するようになったら、オヤツはバラまかずに手に持ったまま誘導してみてください。

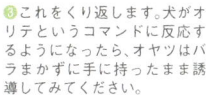

CASE STUDY

# 掃除機にガブガブとかみついてきます。掃除しづらいうえに掃除機が痛んでしまうのでなんとかしたい…

掃除機にかみつく理由としては、大きくふたつに分けられます。遊び半分なタイプと、攻撃してくるタイプです。掃除機にかみつく場合にトラブルになりやすいことは、掃除機にかみつく犬を止めようとすると、飼い主までかまれてしまう可能性があるということです。これではとんだとばっちりです。

　これを防ぐために一番いいのはやはりサークルなどに入れるか、別の部屋に待機させることでしょう。これが一番安全かつ簡単な方法です。その間は、コングなどのオモチャ、ガムを与えておけば掃除機の時間を犬にとって待ち遠しい時間にすることも不可能ではありません。

　しかし、もしも根本的に解決していきたいのならその方法もあります。ほかのかみつき同様、時間はかかりますが直せない行動ではありません。

ムダにかみつかせてしまうと、かみつきの強化をしてしまう可能性があります。ならば先手をうってしまうのです。

## サークルに入れて待たせておく 心がけよう

もっとも安全かつ簡単に、掃除機をかけることができます。掃除機をかけている間は犬の好きなガムやオモチャを入れて、掃除機の時間を犬にとって有意義なものにしましょう。

## ふだんの生活で掃除機に慣らす やってみよう

掃除機を生活スペースに置いておきます。電源を入れない状態で置いておき、それに慣れたら電源を入れます。掃除機の周囲にオヤツをバラまき、電源を入れて音が鳴った状態にも慣らしておきましょう。

## 動く掃除機にも慣らしておく やってみよう

掃除機が置いてある状況に慣れたら、動く掃除機にも慣らしていきます。最初は電源を入れずに一連の行為を行い、慣れてきたら音に慣らしてみましょう。

❶掃除機を動かします。犬とは目を合わせず、吠えたり唸ったりしても無視をします。

❷掃除機を動かし、それに反応しないようなら小さく切ったオヤツをバラまきます。

❸これをひたすらくり返します。1日に2～3分を5セット程度行います。1週間もすれば効果が見られるでしょう。

CASE STUDY

## 先日うちにきた友人の手に突然かみつこうとしました。ケガにはなりませんでしたが、今後が不安です…

犬に対してとくに怪しい行動をしていなかった場合はやはり人ではなく犬にトラブルの原因になりかねない要素があると考えていいでしょう。人にかみついてしまうことは、もっとも避けたいトラブルです。

対人でかみつきを直したい場合は協力者が必要になります。もし他者に協力してもらうことに不安があるのなら、ある程度の妥協が必要になってくるでしょう。それでも本気で解消したい場合は、プロに相談して協力をお願いするといいでしょう。

もし、まだかみつき自体が軽度、甘がみ程度なら今のうちに積極的に直していきたいところです。このトレーニングには必ず協力者が必要になるので、愛犬に理解のある人にお願いをするといいでしょう。

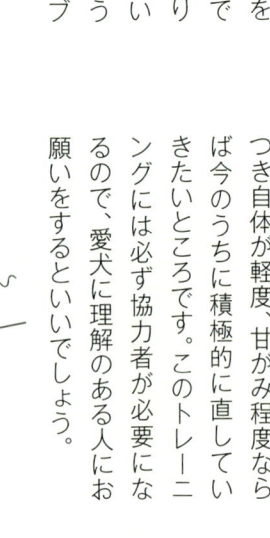

## 配達などの来客時は「マテ」 やってみよう

配達などの突然の来客の場合は部屋でマテをさせて、接触しないようにします。少しでもかみつく機会を与えてしまうと、状態が悪い方向に向かってしまうので、かみついてしまう経験をつませないようにします。

## サークルで待たせておく 心がけよう

愛犬が来客にかみついてしまう可能性があるのなら、別の部屋やサークルに入れて待たせておきましょう。少しでも危ないかな？と感じる段階ではトラブルになりそうなシーンを避けましょう。しつけの途中やしつけの初期段階も同様です。

## 人に慣れさせる機会を与えよう やってみよう

人を怖がって近づくことができないようなら、今のうちに人に慣れさせるチャンスを愛犬に与えましょう。かみついてしまう場合は接触までする必要はありません。

❸次に他人からオヤツをあげてもらいます。❷までを何回もくり返してもむずかしい場合は、日を改めてまた実行し、何日もかけてトレーニングしましょう。

❷飼い主と他人に近づいてきたら、飼い主からオヤツを直接与えます。ここまでをくり返し行います。犬の警戒がとけないようなら、無理をしないように。

❶飼い主がオヤツをバラまきます。バラまく距離を少しずつ縮めていき、人と犬との距離を近づけていきます。

CASE STUDY

# 首輪をつけようとするとかみついてきます。散歩の出だしから悪戦苦闘の毎日で…なんとかしたいです

首輪をつけるとき、または首輪が原因で痛い思いをした経験がある場合、このようなトラブルが起こる可能性があります。そんな状態で無理矢理にでも首輪をつけようとすると、不満をかみつきで表現するようになってしまい、しまいには本気でかみついてしまうことだってあります。

まずは、首輪をつけるのに時間のかかりそうなタイプのものはなるべく避けましょう。ベルトタイプは少し時間がかかるので、バックルやハーフカラーなどにします。イヤだと感じる時間を少なくし、あわせて首輪をつけることに慣れさせていきます。

バックルタイプは気軽に使いやすいうえに安心の強度。どんな犬種にもいいけれど、毛を挟まないようにだけ注意。

## 簡単につけられる首輪にする 心がけよう

犬が首輪をイヤがる前に素早くつけることが理想的です。そのためにも、ふだんから装着の簡単な首輪をつけましょう。ただし、サイズには要注意。装着を簡単にしすぎた結果、スルリと外れてしまっては元も子もありません。

## オヤツを使ってイヤな気持ちを忘れさせる やってみよう

愛犬がオヤツ好きならチャレンジする価値がある方法です。オヤツと首輪を用意してふだんからトレーニングをしましょう。

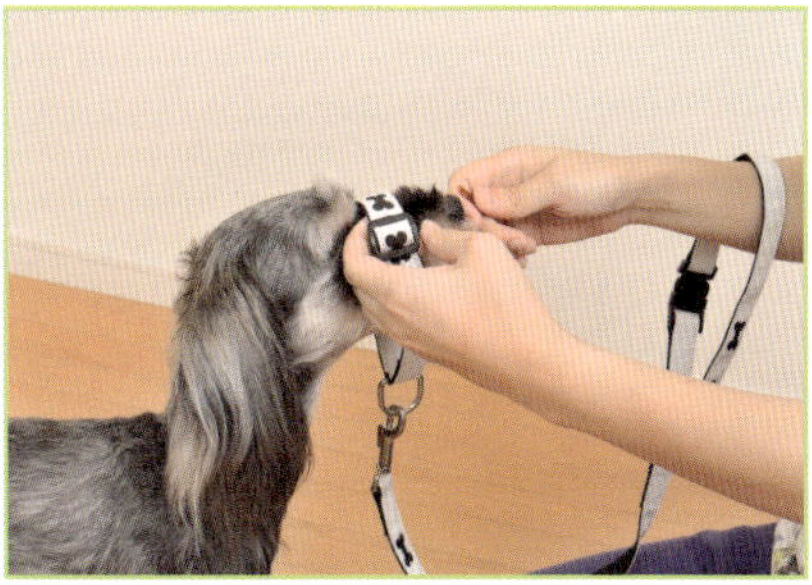

❶首輪を前から通す方法です。かまれてしまうようなら、家族に協力してもらいます。

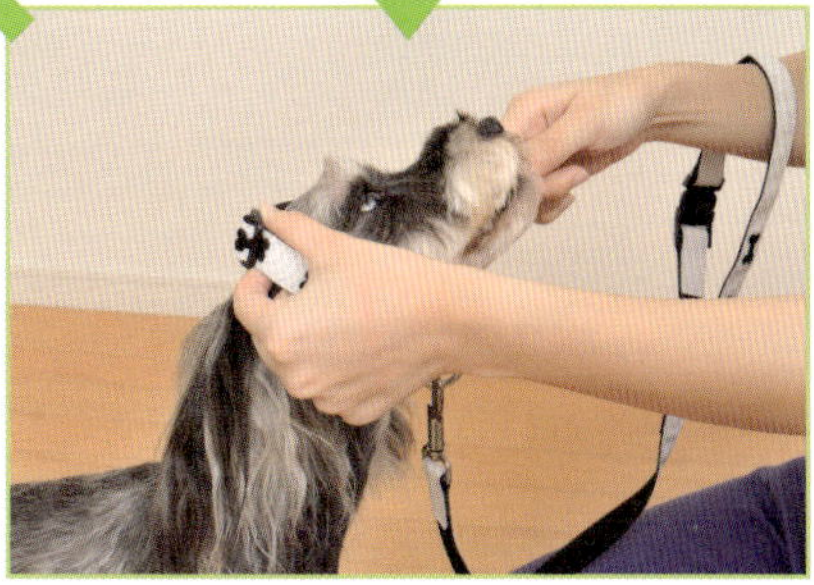

❷オヤツを首輪の中心でかじらせ、そのまま首輪を通していきます。少しゆるめにしておくといいでしょう。

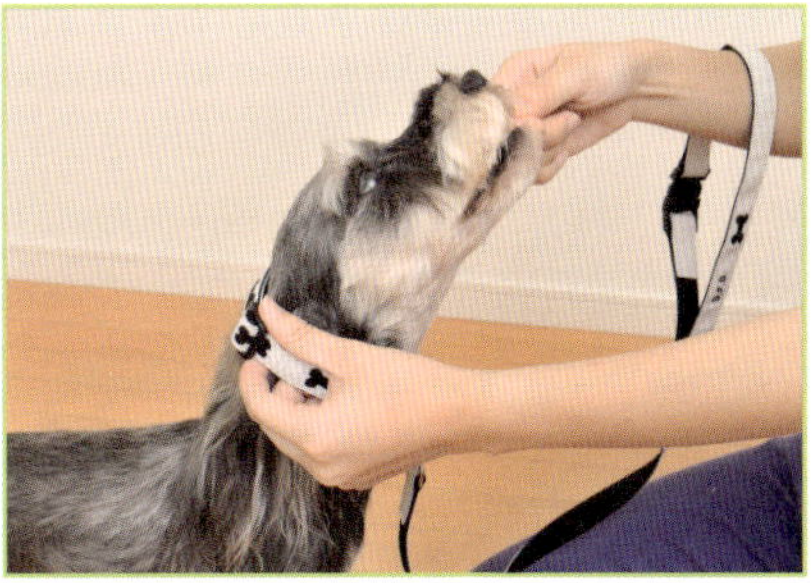

❸首輪を通すことができたらかじらせていたオヤツを食べさせます。

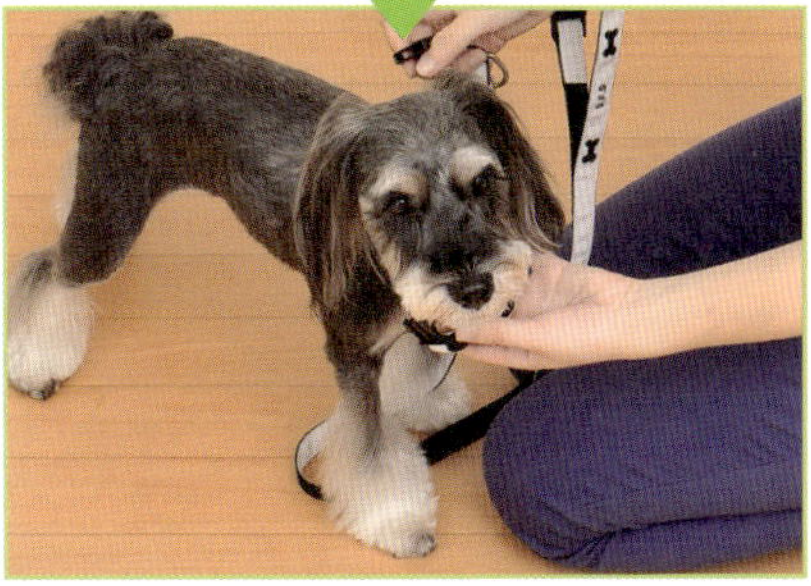

❹すぐに外してもう一度同じ手順で行います。何度もくり返し、首輪への印象を改善させましょう。

# 部屋にある家具にかみついてしまいます。苦いスプレーなどは本当に効果がありますか？

家具にかみついてしまう犬に向けたグッズとして、苦いスプレーやジェルなどが販売されています。これの効果があるかどうかは、実は犬によって差があります。1度使えばかまなくなるケースもあれば、そうでないケースもあります。また、いくら苦くても、それに慣れてしまうとその効果は薄れていきます。

かんでしまうものにもよりますが、とりあえずの対策として部屋のものを片付けけましょう。大きな家具となるとそうはいかないと思うので、苦いグッズなどを利用した方法にひとつくわえて実践します。

## 片付けられるものは片付ける 心がけよう

家具をかむ犬と暮らしているなら、片付けられる家具はしっかりと片付けましょう。それをそのままにするということは、犬に遊び道具をあげているようなものです。犬にとって格好の餌食となってしまいます。

## かみつきたい欲求を満たす 知ろう

犬がかみつきたいと思うのは当然のことです。この欲求を、正しい方向に向けてあげましょう。家具ではなく、ガムやコングなどのオヤツを詰められるオモチャに向けるのです。遊ぶことでもストレス解消になり、かまれずにすみます。

## 留守番時の家具破壊について 知ろう

留守番時に家具にかみついてこわしてしまうのであれば、留守番させる部屋を別にするかサークルに入れて留守番をさせましょう。留守番のときにかんでしまうことがわかっているのにそのままにしておくのは、あまりにも不用意です。

## 文字通り苦い経験をさせる やってみよう

苦いスプレーやジェルなどを使用するのもいいですが、自宅にある簡単なものでかまないようにすることもできます。個体差があるので注意。苦いスプレーなどももちろん同様に使えますが、ここではアルミ箔を使用します。

❷アルミ箔をかむと独特の不快感があり、犬はかむのをイヤがるようになります。

❶アルミ箔を犬がかんでしまう部分に巻きつけます。とれないように、必要であればテープで固定を。

CASE STUDY

## オヤツをあげるときに一緒に手までかまれてしまいます…。本人に悪気はないようにみえるのですが、痛くて困ってます

オヤツをあげるとき、手まで一緒にガブッと食べてしまう犬はかなりいます。最初のきっかけとしては、ガブッとかんだときに、飼い主が痛がりオヤツをはなしてしまい、犬が「手からオヤツが出てきた」と考えるケースなどがあります。しかし、大もとの原因はオヤツのあげ方にあるでしょう。また、子犬の頃の食べ方をそのままで成長している犬が多いので、子犬のときと同じ感覚で手をかじっているのかもしれません。

これを治す方法はもちろんありますが、まずはオヤツの持ち方を改めて、それから実際に強くかんでこないようにするトレーニングを行いましょう。

## ガブッとする犬に向かないオヤツ 知ろう

オヤツと一緒に手までかみついてしまう犬には、向いているオヤツとそうでないオヤツがあります。向いてないものとしては、ボーロなどの丸くて小さいオヤツ。これらはかまないようにするためのトレーニングにも不向きです。

## 持ち方はどうすればいい？ 知ろう

オヤツをあげるとき、指と指でつまんで与えるのは一緒にかまれるリスクが高いので避けましょう。写真のように、人差し指と親指をうまく使って挟むようにして犬に差し出します。オヤツはちょっとだけ出ているくらいでOK。

ちょっとだけ
オヤツを
かじれるようにする

## 手をかまないで食べさせるようにする やってみよう

❶上で紹介した持ち方でオヤツを差し出します。ガブッと痛いくらいにかんできたら…。

❷犬が食べるのをやめてしまうくらい大きい声で「痛い！」と大声で叫びます。絶対にオヤツをはなさないでください。

❸痛いくらいにかみつかなくなるまで、ひたすら❷までをくり返します。

❹そっとかじるようになってきたらはじめてオヤツをあげます。何回もくり返し行えばかみつくことも減ります。

Case Study

# お手入れをするときにかみついてきます。ブラッシングをふつうにしているだけなのに…

お手入れのときにかみついてしまう主な原因は、「お手入れがいやでかみついたら飼い主から逃げられた！」ということを経験してしまったことにあります。一度でもそれを覚えてしまうと、あまり不快でなくてもお手入れとなるとかみついてしまうようになります。それを重ねていくことで、かみつきがどんどん強化されてしまうことに。

このトラブルを解決するには、お手入れをする状況とお手入れグッズに慣らしていくことがまず第一です。ただし、絶対に無理やり行わないようにしましょう。無理やりやろうとすると、よい結果は訪れません。むしろかみつきがどんどん悪化する場合もあるので、注意が必要です。

## どうしてかみつくようになったの？ 知ろう

右ページでもあるように、お手入れからなんとか逃れようとしてかみついた結果、その場から逃げることができたという経験をするとそれをくり返すようになります。最初のきっかけは、ブラッシングや爪切りが痛かったというものがほとんどです。

## どうしてもむずかしい場合は… 知ろう

自分一人ではどうしてもむずかしいと思ったら、無理にひとりでやろうとせずにプロトリマーにお願いをしましょう。また、直接かまれないために口輪をするという方法もありますが、できれば初期段階で下のようにお手入れに慣れさせるトレーニングを行いたいところです。

## オヤツでお手入れグッズに慣れさせる やってみよう

❶苦手なお手入れグッズを使います。ここではブラシを使います。最初はほんの少しでいいのでタッチします。

❷タッチしたらすぐにオヤツ。苦手な場所がある場合は、最初はふれても平気なところからはじめて、徐々に慣れさせていきましょう。

❸慣れてきたら、さわりながらオヤツをあげてブラッシングへの不快感をなくしていきます。

CASE STUDY

# 甘がみがひどいです。本気ではかんできませんが、それでも傷がつくくらいの力でかまれています

甘がみは子犬から育てたことがある飼い主なら誰もが通る登竜門です。子犬の頃にとくに多く、人の手や家具、ほかの犬にまで甘がみをするでしょう。子犬の頃はまだかわいいものですが…それをそのままにしてしまうと、「かみついていい」と犬が間違った考えを持ってしまい、成長とともに本気でかみつくようになってしまうこともあります。甘がみは、甘がみの時点でなるべく早めに直すべきだと考えましょう。

成犬で甘がみをする場合、遊んでいるときに興奮してかんでくる場合があります。このときに、もしも「ヤメテ」や「マテ」で甘がみ遊びをやめるようならそのままでいいでしょう。甘がみ遊びをコマンドでやめるのであれば、していいときといけないときのメリハリを犬が理解していると考えられます。痛いときにもしっかりと「イタイ！」といえば、きっと犬は甘がみ遊びをやめるでしょう。逆に、何をいっても甘がみが止まらず、延々とかみついてくるのは問題あり。すぐにでも対処方法を考えましょう。

子犬は「かみつきたい！」という欲求を必ず持っています。今現在、子犬の甘がみで頭を抱えている人は、愛犬に手や服をかまれてしまうことが多いのではないでしょうか？　そのエネルギーを別の方向、オモチャやガムなどに向けてみましょう。かみつきたい欲求を別のところで発散させてあげれば、ある程度マシになることがあります。また、遊び、運動も取り入れて、エネルギーを発散させましょう。

## 知ろう 甘がみの原因を考えてみよう

### 子犬の歯の生え換わり

子犬の歯の生え換わりの時期は、どうしても歯がムズムズしてしまいます。そのムズムズやストレスを発散したいがために、子犬の時期は甘がみがとても多いのです。ある程度は仕方ないかもしれませんが、そのムズムズをぶつける方向に要注意。

### かみつきたい、においをかぎたい

犬のほとんどが「かみつきたい欲求」を持っています。とくに、子犬の頃はどんなものでもハグハグとかみついきたくなります。同時に、犬には「においをかぎたい欲求」もあるので、散歩のときなどに充分ににおいをかがせてあげましょう。

### エネルギーを発散したい

つまりは運動不足、頭の体操不足だと、犬の体でエネルギーがたまってしまいます。それをぶつける場所がないので、甘がみをしてしまうのです。運動や散歩、頭の体操をさせるだけで甘がみが解消される場合も。

### かまってほしい

甘がみをするとほとんどの飼い主が「イタイよ〜」と反応してしまっているでしょう。けれど、これはＮＧ。とくに子犬の頃は飼い主の反応がとても嬉しく、甘がみをどんどん強化してしまう原因になります。

やってみよう

# 「かみつきたい！」を満足させる

かみつきたい！
その欲求を満足させるのも
飼い主の役目。
その方法についてご紹介します。

## オモチャやガムで大満足！

犬ならみんなが持ってる「かじりたい！」という欲求を満足させてあげましょう。人の手や足、家具など、かまれてほしくないものに向けられた欲求を、かんでいいものに向けさせ、それを飼い主が教えてあげます。

簡単なのが、硬くておいしいガム。かみつきたいムズムズも解消できるうえに、食欲面でも満足できます。ただし、主食とのバランス、食べ過ぎなどのケアは必要です。

そして飼い主と遊ぶことでのムズムズ感発散は、子犬にかかわらずどんな犬にも必須です。エネルギー発散とかみつきたい欲求の解消が同時にできるので一石二鳥。投げて引っぱりっこができるオモチャと、ひとりで遊べるコングなどのオモチャを用意するといいでしょう。コングについては左ページで。

### 投げて遊ぶオモチャ

広い場所ではどんなオモチャよりも活躍。外で使う場合は、ロングリードと人に気をつけて行いましょう。投げて持ってきてをくり返すだけでもいいですが、要所要所にオスワリなどのトレーニング要素も入れるとさらに楽しくなります。

### 引っぱりっこできるオモチャ

長いロープやボールにヒモがついたタイプなどが一般的。引っぱりっこができるタイプは、狭い部屋でも充分に遊べるので室内用として最適です。何種類か用意して、いろんなオモチャで遊んであげましょう。

### 遊び方にも一工夫を！

ただ遊ぶだけではなく、遊び方を工夫すれば犬はもっと楽しめます！　生き物のようにはわせてみたり、隠してみたり。また、遊び感覚でトレーニングの要素も組み込むと、犬の頭の体操になりこれ以上ない満足感を得てくれるはずです。

### ひとりで遊べるオモチャ

代表的なものといえばやっぱりコング。どんなシーンでも活躍する万能トイです。詳しい使い方は左ページで。ほかにも、かみつくためのオモチャなどさまざま。強度がちょうどいいものを選びましょう。

やって みよう

# コングを使ってみよう

かみつきたい！
その欲求を満足させるのも
飼い主の役目。
その方法についてご紹介します。

## 甘がみ対策では必須の万能トイ

全世界で愛されているコング。コングは甘がみをしてしまう犬にとっては最高のオモチャへと変貌してくれます。いくつかある種類から（青いパピー用のやわらかいタイプ、赤い成犬用の標準タイプ、黒いハードタイプなど）、愛犬に合ったものを選びましょう。

基本的な使い方は、中にフードやオヤツを入れて転がして出すというもの。これを活用して、オヤツをしっかり詰めれば長持ちするオヤツが入ったかみつきオモチャとして使えるし、フードをふやかして使えばいつものご飯でも甘がみのムズムズ解消になります。

愛犬にあった方法を見つけて、生活に活かしてみてはいかが？

### ふやかしフードでハグハグコング

食器にフードと水を入れ、レンジでチン。ふやかしフードの完成です。

❶レンジでふやかしたフードはコングに最適。これを使って便利なコングフードを愛犬にあげよう！　フニャフニャになったフードをコングに詰めていきます。

❷入り口までしっかりと詰めます。溢れないようにして、そのまま少し冷まします。

❸ある程度冷めたら冷凍庫へイン。翌日の朝ごはんをこれであげましょう。かみつきたいムズムズ解消と食欲解消のダブルパンチ！

### ジャーキーも上手に詰めて

ジャーキーなどのオヤツをコングに詰める場合も、入り口からオヤツがこぼれないようにします。はみ出ていると簡単に取れてしまうので、なるべく入り口でカットして取り出しにくくしましょう。

やってみよう

# 甘がみ対処法を実践してみよう

甘がみをされたとき、
どんな反応をしていますか？
反応によっては甘がみの
強化に繋がってしまうかも。

甘がみされているときの正しい対応を皆さんご存知でしょうか？　怒ればいい、叩けばいいというのはもはやＮＧ。未だにその方法をとるプロトレーナーもいますが、非常に危険につながる行為です。プロトレーナーがその行為をとっても、あとのケアで関係性は崩れないかもしれません。しかし、一般的な飼い主でそれをやれというのは酷なもの。ならばほかの対応で甘がみの対処法を実践しましょう。

おおまかにいえば、甘がみをしても“いいことがまったくない”と犬に覚えさせることが大切。甘がみをされたら「イタイ！」と一言。それでもダメなら無視。それでもダメなら置いてけぼり。「甘がみをするとつまらなくなる…」と犬が考えるように誘導します。

## イケてる反応はこれ OK

### 無視して立ち去る

甘がみをしている最中は犬を無視。そのまま立ち去る。犬はこれにショックを受けます。

### 低い声で一言「イタイ！」

大きく低い声で「イタイ！」といえば、犬はビックリ。それだけで甘がみをやめるケースも。

### 犬にさわらない

甘がみをしているときは犬にさわりません。ボディタッチが犬のテンションをあげてしまいます。

## イケナイ反応はこれ NG

### 高めの声で話しかける

「痛いよ～も～」というフレーズは厳禁。犬にとって甘がみの助長になってしまいかねません。

### 顔を叩いたり痛みを与える

体罰は絶対にダメ！　かみつきの強化になり、甘がみも本気がみに発展してしまいます。

### オヤツをあげてしまう

かんだあとにオヤツをあげると、かんだらおやつをもらえたと学習してしまいます。

## ❶ あなたのいうことは「イタイ！」の一言だけ

余計なことはいわなくていいのです。とにかく「イタイ！」と大きな声で一言。ただし、高い声では意味がないので、低めのいつも出さないような声を出しましょう。犬同士が遊ぶとき、強くかまれた側は「キャン！」と大きく鳴いて遊びを中断します。かんでしまった側はそれに驚き、さらに遊びが終わってしまったことにショックを受け、だんだんと甘がみをやめていきます。これを応用した方法です。

## ❷ それでもダメなら無視&ひとりぼっち

「イタイ！」でも甘がみをやめないようなら、今度は犬を無視します。背中を向けてしまいましょう。甘がみに対してまったく反応してくれない飼い主に、犬は損な気分を覚えます。それでもしつこくかんでくるならば、今度は部屋においてけぼりにします。楽しい遊び、甘がみタイムのはずが一転、突然ひとりきりに。このとき、部屋にはなにもない状態にしましょう。

## ❸ 数分後に戻っていつも通り

ひとりぼっちにしたままいつまでも放置するわけにはいかないので、数分したら戻ります。しかしながら、これでもかんでくる子もいます。突然、「イタイ」といわれて無視された→ひとりぼっちになった…ということを、犬が“甘がみをしたから”と理解するのに時間がかかる犬もいます。その場合は、とにかくこの❶〜❸のステップをひたすらくり返します。

COLUMN

# 多頭飼育とかみつきのこと

## ～たくさんの犬と暮らせばかみつきが直る？～

多頭飼育をすればかみつきが直るという話を皆さんはご存知でしたか？

たしかに、犬同士での経験を積ませれば、かみつきの問題が解消されることはあります。しかし、それはあくまで甘がみなどの弱いかみつき、かみつき遊びの段階での話。お互いがお互いをかみあって遊び、痛いときは鳴いて、相手に今のは痛かったとわからせることができます。この程度のかみつきなら、多頭飼育で遊ばせるのは大賛成です。しかし、本気でかんでしまう犬同士だと、思わぬトラブル、ケガなどにつながります。もし犬が本気でかんでしまう犬なら、後輩犬を迎え入れるのはもう少し考えたほうがいいかもしれません。

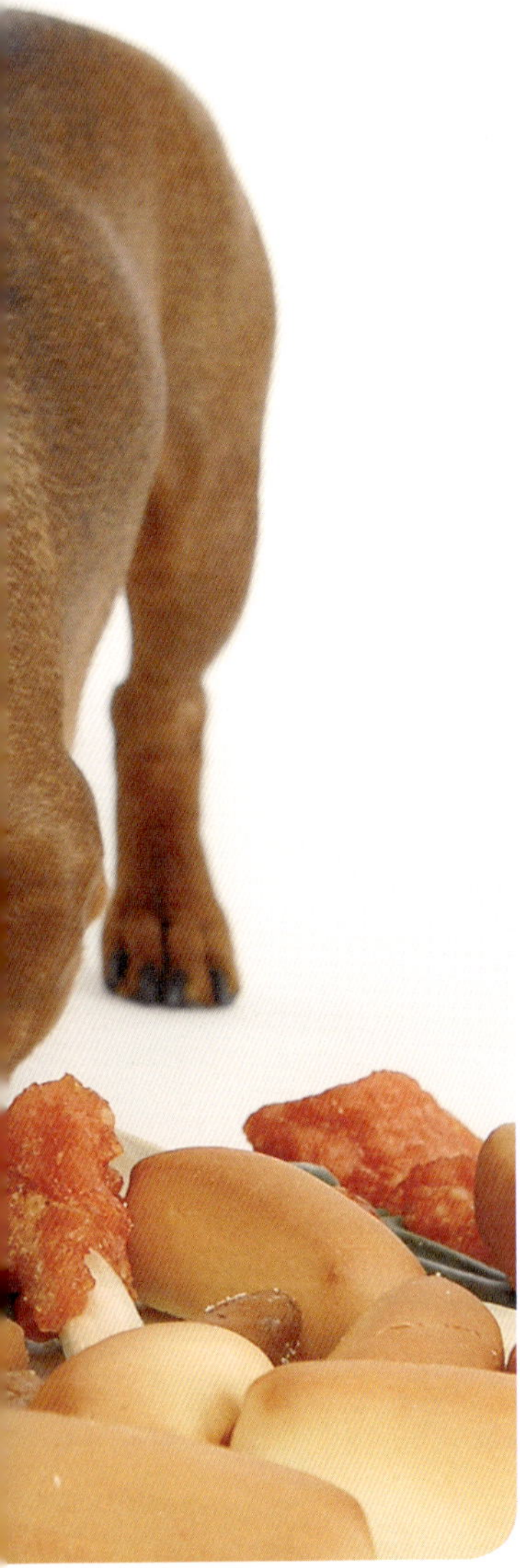

COLUMN

# 犬にとってのごちそうを決めておこう

## ～ごちそうオヤツで上手なトレーニング～

あなたは好きな食べ物がありますか？　もっとも好きな食べ物はなんですか？　好きな食べ物のなかでも1番コレが好き！というものがあるはずです。これは犬も同じ。愛犬の好きな食べ物を知っておきましょう。ただ好きなものではありません。「ホントに1番だーい好き！」そんな食べ物です。

これを『ごちそうオヤツ』と決めて、トレーニングに使いましょう。ごちそうオヤツがあれば、つまづいている難関もクリアできることがあります。かみつきのしつけでも同じ。他人が苦手なら、人からごちそうオヤツをもらって人好きにだってさせることができます。ただし、ごちそうオヤツはほかの場所やトレーニングでは絶対にあげないこと。特別なおやつですから、このときだけあげる！というときに使いましょう。

# ごちそうオヤツは なーーに？

好きなオヤツを見つけてしつけにうまく利用しよう！
地味っぽく見えるけど、こういった把握は大切です。

## 好きなオヤツ

1

2

3

4

5

BECAME TO BITE?

- 犬がかみつくようになってしまうワケは？
- かみつくことを学習する？
- 叱るとどうなるかを考えよう
- 甘がみは本気がみの一歩手前だった？

WHY DOES THE DOG

CHAPTER 2

# 犬はどうしてかみつくようになるの？

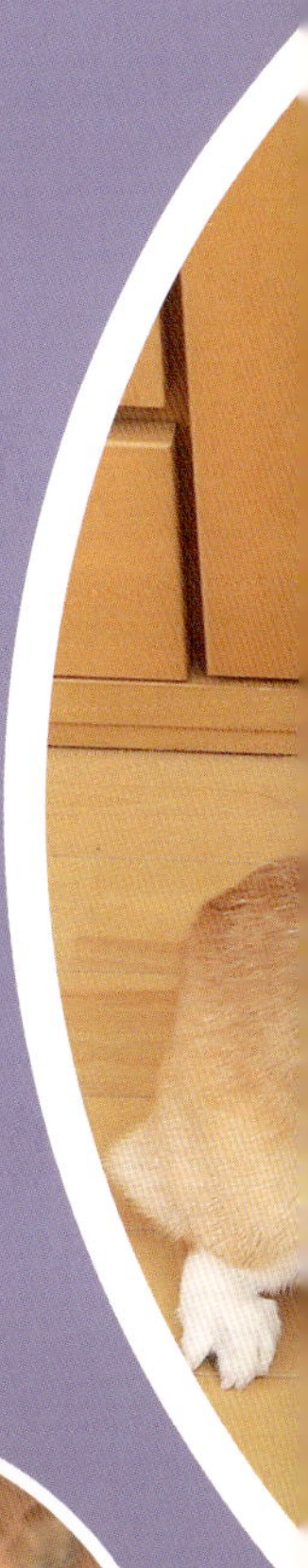

犬がかみつくのには理由がもちろんあります。どうしてかんでしまうのか、かみつくまでのプロセスとそのきっかけを知っておきましょう。

# 犬がかみつくようになってしまうワケは？

場所はどこで？
誰にかみついた？
なにが起こった？
周りはどんな環境だった？

犬がかみつくのには必ず原因があります。また、その原因にともなうきっかけも必ずあります。愛犬がかみついてしまったとき、なにがその場で起こりましたか？　なにかいましたか？　なにがその場にありましたか？　このようないくつもの要素を検証すると、犬のかみついてしまった原因にたどり着きます。

ではここで例として、人にかみついてしまったケースをあげましょう。

まず、その場所は自宅でしたか、外でしたか？　自宅か外かでかみついてしまう頻度もかわります。犬によっては外で警戒心が強くなってかみついてしまいます。家でかみついてしまう場合はテリトリーの意識が強い犬かもしれません。そして、そのときその人は

犬になにかしましたか？　それともしようとしていましたか？　犬自身が家族以外の人に対して慣れていないと、かみつく大きな原因になります。そんな犬に対してどのときにその人がさわったのか、どこかをつかんだのか、それとも近くを通っただけなのか…それだけでも、導かれる原因がかわりますね。

このように、まずかみつきのトラブルを解消するには、かみついた原因を特定させる必要があります。漠然と〝人をかんだ〟だけでは、トラブルの解消は難しくなってしまいます。まずは飼い主であるあなたが愛犬をよく見て、どんなときにかみついてしまいそうになるか、かんでしまったかを把握しましょう。トラブルの解消はそこからはじまります。

# かみつくことを学習する？

なぜかみつくことを覚え、ある特定の原因のもとでかみつくようになり、それが問題となってしまうのでしょうか？

犬の学習方法はシンプルです。「これをやったらこうなった」という、きっかけと結果を結びつける方法で学習していきます。例えば、「『オスワリ』といわれたときにおしりを地面につけるポーズをしたらオヤツをもらえた」というものです。犬にとってのいいことが起こるので、どんどんくり返して学習します。逆に、甘がみのページで紹介したような「甘がみをしたら無視をされたから甘がみをしないようにしよう」というのも、同じ学習方法です。自分のいいことにつながることは（オヤツをもらえる、遊んでもらえるなど）くり返し行います。逆に、自分にとって都合の悪いこと（無視されるなど）は今後は避けようとします。かみつきが習慣化してしまうのも、この学習方法が原因なのです。

きっかけは本当にささいなことです。人が近づいてきてさわろうとします。怪しい家族以外の他人が、散歩のときに犬に近づいてきました。このとき、犬は些細な気持ちで軽く唸ってみました。すると、その人はちょっと怖かったのか、その場をサッと立ち去ってしまいました。犬はここで、「唸ったら怪しい知らない人がどこかへ行ったぞ？」と覚えます。この段階ではまだ学習の途中です。しかしこの犬は、この〝人がきたら唸るとどこかへ行く〟を今後の生活で何度か経験してしまいました。すると、犬は「唸ってしま

人がきた
唸った
UH—!!
人がいなくなった
唸ったら人がいなくなることを覚える
UH—!!
くり返す
!
学習する!

えば知らない人はどこかへ行くんだ」ということを完全に学習します。犬自身の自分にとっていい方向に解釈するのです。

　実際に唸る例ではなく、かみついてしまうまでの学習の例をご紹介しましょう。

　この犬、実はお手入れが少しきらいでした。それでもおとなしく我慢し、されるがままにしていました。しかし、ある日のブラッシングの最中、ブラシが皮膚にささってしまいました。突然の痛みで犬は飼い主の手をうっかりかじってしまいます。すると、飼い主は驚いてブラシを途中でやめ、犬を放してしまいました。犬はここで、「かみつけばきらいなお手入れから逃げられるのか?」と覚えます。その後日、犬は同じように飼い主の手をかじりました。す

## かみついた

ブラッシングのとき、嫌で飼い主の手にかみつきます。

## にげた

飼い主がうっかり放してしまうと…

## 覚えた

犬はかみつけば逃げることを覚えます。

ると、再びブラッシングは中断。結果、犬にとってはいいことが起こりました。こうなってしまえば、その後はそれをくり返すようになっていきます。

犬にかみつきを教えたくないのであれば、この学習までのステップを途中で崩したりきっかけを取り除いてしまえばいいのです。ブラッシングの場合であれば、かみつくまでやらずにオヤツをあげながら行えば、ブラッシングの印象がだいぶ変わります。

犬にとって、かみつくときのきっかけがいいことなのか悪いことなのかで繰り返そうとする頻度が変わってきます。犬の学習のポイントをよく考えて観察してみましょう。

## きっかけ

犬にとっていいことではないことが「きっかけ」となります。ポイントは、“犬にとって”ということ。人にとってはどうでもいいことだったり、当たり前のようなことですら犬にとってはいやなことになりえます。

ブラッシングをしようとしました
首輪をつけようとしました

## かみつく（行動）

かみつくまでに、唸る、毛を逆立てる、緊張する、表情がかわるなどの前兆があるかもしれません。その後、かみつくという行動に出ます。この「かみつけばいやなことが起こらなくなった」ということを覚えていく“犬の学習”がはじまります。

UH—!!

## 結果（学習）

何度も行動をくり返してしまうと犬は完全に学習します。学習をしてしまったものをしつけで解消するのはやはり時間がかかります。できれば、完全に覚えてしまうまでに対策を行って、犬が「こうすればもっといいことがある！」と思えるような学習をうながしましょう。

もうブラッシングがこわい…
首輪つけるのも大変なんて…

CASE STUDY

## テレビや本で「かみつかれたら叩けば直る」という話を聞きました。これって本当なんでしょうか？

一体、どんなテレビや本を見たのか…それはわかりかねますが、これは大きな間違いです。少し前ではこれは当然のことのようにいわれていました。しかし、犬のかみつきは飼い主が体罰をくわえてしまうことで悪化するケースがほとんどです。また、体罰は犬との関係性を壊してしまいます。

叩く、蹴るはもちろんですが、マズルをつかむ、無理やりひっくり返して拘束するなども体罰のひとつといえます。イメージとしては違うかもしれませんが、犬に与える影響は同じだと思ってください。

当然ながら、これらを愛犬に行うのはご法度。今現在もやってしまうことがあるという飼い主さんは、今日からでもやめてください。必ず悪い結果をもたらし、今後のトラブルにつながります。

# 知ろう 叩くとかみつきは強くなる？

うっかり出してしまいがちな手。飼い主さんのイライラがつのるのもわかりますが、その分犬もイライラしているんです。

唸っている、かみついてきた犬を叩いてしまった経験がある人は、こう思う人もいるかもしれません。

「うちの犬は唸ったときに叩いたらすぐにやめたけど？」

叩いたとき、犬はたしかに唸ったりかみついたりするのをやめます。しかし、ほかの行動が出てくるはずなのです。

かみついてきた犬を叩いてしまうと、まず犬は人の手を少し怖がるようになります。叩くフリをしてみると目をつぶったり細めたり。そしてそれは、飼い主を避ける結果に繋がってしまいます。関係性が崩れてしまい、お互いがお互いを信頼できない状況に。

それとほぼ同時に、犬は唸るという動作もなく突然かみつくようになります。かみつく前のステップが失われてしまうのです。そうなると、人も用心深くなれず、とっさのトラブルにつながってしまいます。

それでも叩いてしまうとどんどん悪い方向に。それ以降は近くにくるもの、人、犬に突然かみつくようになってしまいます。犬はこの段階で大きなストレスをかかえているはず。どこにもぶつけようのないストレスが、かみつきなどとなって問題を起こします。

飼い主が『逆らうと怖い人』というポジションになってしまうと、犬は飼い主にはかみつかなくなります。しかし、ほかの人や犬に対してすぐにかみついてしまうようになります。ここまでいくと、根本的な行動治療をしっかりと行わなくてはいけなくなるでしょう。

## 知ろう
# 叱るとどうなるかを考えよう

### 1 関係が悪化してしまう

体罰は飼い主との関係を不安定にしてしまいます。関係性が崩れてしまうと、生活のさまざまなシーンで影響が出てしまいます。叩けば犬よりも優位な位置に立てるという考えを持つ人もいますが基本的には通用しません。結果的に犬を恐怖で縛ってしまうので、いい関係とはいえないでしょう。

### 2 とりあえずかみつくように

怖いもの、不安なもの、自分の気分を損ねるものに対して、とりあえずかみつくようになります。人の手でも、掃除機などの家具でも、犬でも同じです。まずかみついて追い払おうとします。ケガなどのトラブルにもなってしまいます。とくに、もともと臆病で怖がりな犬はとくに注意が必要です。

### 3 ほかの問題行動が起こる

犬は叩かれないために、かみつき以外の方法でなんとか逃げようとします。それが吠えや唸りなどの表現方法で現れてくるでしょう。また、ぶつけようのないストレスがたまり、家の中での破壊行動に出てしまう犬もいます。ようはハつ当たりですが、犬にとっては深刻な状態となっているでしょう。

## なぜ叩いてしまうのか…叩いてしまう飼い主の気持ちは？

飼い主が叩いてしまうのは、いわば感情的な怒りに近いものがあります。バシッと叩いてしまい、あとあとになって後悔する人もいるのではないでしょうか？　気持ちとしては、わからなくはありません。何度叱っても聞かないようなムダ吠えをする犬を、イライラして叩いてしまったりする人もいるように、飼い主としてもどうしようもないからこそ叩いてしまうのかもしれません。でも、そこはグッとこらえるのが飼い主の役割なのです。

「なんで叩かれるってわかっているのにかみつくの?!」

　というように考える人もいるでしょう。しかし、それは飼い主の勝手な考えです。犬としては、「じゃあどうすればいいのさ?!」というところでしょう。愛犬をかみつかないようにするためには、かわりにどうしてあげればいいのかを教えてあげなくてはなりません。ちゃんと教えてあげない限り、「かまないでいればいいんだ」と犬が考えつくことはありません。

　例えば、さわるだけでかみついてしまう犬には、さわったらごほうびをあげることで、「むむ…さわられたときでも我慢していればオヤツがもらえるのか…いやだけど…」と犬は考えるでしょう。これを繰り返すと、「さわられたときもなにもしないでいようかな…」と学習し、結果としてさわられても何を思うこともなく、かみつかないでいられるようになっていくのです。

### 4 生活が無気力になる

かみついたら叩かれたということをきっかけに、なにをしても叩かれると思ってしまうこともあります。どんなことをするにもモタモタしたり、動きが遅くなってしまい、飼い主の指示も聞き入れにくくなってしまうでしょう。表情もあまり出さなくなり、楽しい愛犬との生活とはかけはなれてしまうでしょう。

# 甘がみは本気がみの一歩手前だった？

32ページで甘がみについてふれているように、甘がみは放っておくと今後の大きなトラブルにつながりかねない危険の種。では、どのようにして甘がみから本気のかみつきへ発展してしまうのでしょうか？

甘がみといえば、子犬の頃に多いちょっと困った問題。遊んでいるとき、何もしていないとき、暇なとき、ハグハグと人の手をかんだりしてきます。小さな子犬のときはまだいいでしょう。対して痛くないですし、かわいいものです。しかし、成長に連れ乳歯が尖ってきます。その辺りから、甘がみは痛いものへと変わってくるでしょう。でも、犬にとっては今まで許されていた行為です。むしろ、甘がみを遊び程度に考えています。

飼い主の手や足、服などに甘がみをする。
飼い主がそれを許してしまう。

犬が甘がみをしてもいい、もう少し強くかんでもいいと勘違いしてしまう。

　この時期の甘がみをこのままにしておくと、本気でかみつき、相手にケガを負わせてしまうトラブルに発展する可能性が高まってきます。甘がみが本気がみになってしまう原因は、甘がみでかまれたときにある程度痛くてもそのままにしてしまっていたことにあるのです。少しずつですが、犬のなかで「このくらいの強さでかみついてもいいんだな。じゃあこれくらいは…？」という考えは成長していきます。しまいには…「いくらかんでもいいんだな！　じゃあ思いっきりかみついても平気そうだ！」というように、かみつくこと自体を悪いことだとは考えなくなります。それもそのはずです、強くかみ過ぎてはいけないということを教える人がいなければ当然でしょう。

　犬は通常、子犬同士の遊びのなかでどれくらいでかみついてもいいのか、どれくらいが痛いのかということを、身をもって学んでいきます。しかし、飼い主が家に子犬を迎え入れるほとんどの時期は2～4ヶ月でしょう。それは甘がみ遊びを学んでいる真っ最中の時期。そのときに子犬同士の生活から離れてしまうので、甘がみの勉強ができていないことが多いのです。それを代わりに、飼い主が教えなくてはいけません。

　甘がみの加減とそれがいいことではないと教えていくのは、基本的には子犬の時期です。その時期から、犬のかみつきの勉強ははじまっています。子犬をこれから飼う、飼っている人は、甘がみについてまず理解してあげてください。

飼い主が甘がみを許容していると強さの上限を上げてしまう。

本気でかみついてしまう。強くかみついてもいいと間違った学習をしてしまう。

# 犬に“かみつかせない工夫”をしよう

犬がかみついてしまう場合、それのトラブルを解消しようとしている場合、できるだけかみつく機会を与えないことも大切です。

犬の困ったトラブルに関して、「される前のさせない努力」という言葉があります。してしまった行動を叱るのではうまく犬に伝わらないことが多いうえに、逆効果をもたらしてしまうことがあります。この本でいうなら、かみつかれる前にかみつかせないようにしようということです。かみつきのトラブルとなると、解消させるまでのしつけの時間がかなり長くかかります。せっかく解消に向けてがんばっているのですから、途中でさらにかみついてしまうクセをうっかり強化させたくないですよね。そのための、〝かみつかせない工夫〟です。

かみつきのトラブルはその具合にもよりますが、とてもシビアでむずかしい部分もある、デリケートな問題です。しつけを進めるな

散歩中に犬や人にかみつく

人気の少ない場所を探して散歩する

ごはん中に手を出すと
かみつかれる

ごはん中は
手を出さないでおく

かでも、愛犬にたびたびかみつかれてしまうこと、相手にかみついてしまうこともあるかもしれません。これを最大限に抑えるための工夫として、〝かみつかせない工夫〟をします。方法は意外と単純なものです。しかし、〝かみつく原因を根本から取り払うこと〟が目的なので、かみつく機会を減らすという面では大きな効果があります。これがうまくいくようなら、犬にとってはかみつく機会がなくなるので、トラブルを「無理やり直さなきゃ」と焦る必要もなくなるかもしれません。

**実際に行う〝かみつかせない工夫〟**

〝かみつかせない工夫〟は、部屋の環境を変えたり、物を見えないようにしたり、ふれないようにする…いわば物理的な方法です。そ

オモチャをとろうとすると
かみつく

かみついてしまうオモチャは
与えない

お客さんに突然かみついて
しまうことがある

ハウスに入れてお客さんに
対応する

のためにはまず、愛犬のかみつくケースの分析をしましょう。いつだったか、なにがあったか、どこだったかなど、かみつくときの状況をよく観察し、物理的な原因を見つけましょう。

　たとえば、ソファに乗っている犬を抱っこしようとするとかみついてしまう犬がいるとしましょう。この犬の場合、物理的な原因はずばり『ソファ』があることです。なら、ソファに登らせないようにするか、ソファを撤去してしまいます。ほら、これでソファに乗った犬を抱っこすることもなくなり、結果、かみつかれることもなくなりますね。

　もし愛犬の食後に食器をとりあげるときにかみついてしまうのならどうでしょうか？　この場合は、直接手を伸ばして食器を

ガムを食べている最中に
手を出すとかみつく

ガムを与えない・
手を出さないようにする

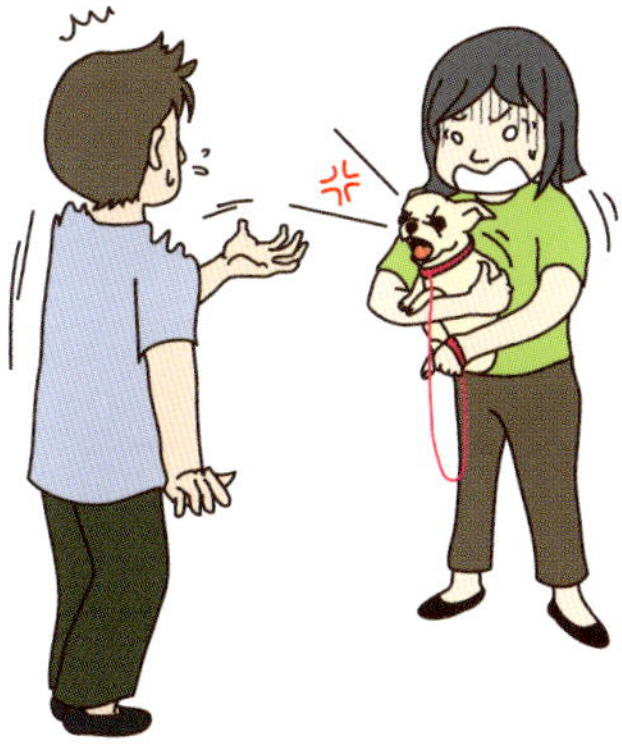

抱っこしていると
強気になってかみつく

抱っこはせずに下ろした状態
で接してもらう

取りあげようとするから起こるトラブルです。ならば、犬の食事をサークルやハウスで行いましょう。そうすれば、食後に犬をサークルから出してしまえば、あとは安全に食器を片付けることができます。

　これらのように、工夫をするだけでかみつかれる危険が激減し、犬のかみついてしまうクセを日頃から引き出さなくてすむようになります。ただし、同じようなシーンでも犬によってなにが原因かが違っている場合があります。まずはその原因をしっかりと判断しましょう。かませない工夫をしながら、併せてしつけ、トレーニングを実行してみましょう。より大きな効果が得られるはずです。

ソファから犬をどかそうと
するとかみつく

ソファ自体を片付けてしまう

COLUMN

# 犬と人の年齢ってこんなに違う

## 〜1歳を過ぎた辺りから大人の階段のぼってる〜

犬と人の年齢についてはさまざまな仮説が飛び交っています。ある本では犬の1歳は人の18歳。あるインターネットでは犬の1歳は人の20歳…本当にさまざまです。

ひとついえることは、犬は人間よりも早く年齢を重ねているということ。そのぶん、犬は充実した時間を望んでます。今このとき、家でひとりで留守番しているときも、一緒にいるときも、散歩しているときも、犬は私達よりも早く歳をとっています。そう考えると、もっともっとたくさんのことを経験させて、いっぱい楽しませてあげたい…そう考えるのが私たち飼い主でしょう。まぁ実際のところ、どの年齢対象表記が正しいのか…それは犬が人の言葉を話した時にしかわからないでしょうね。

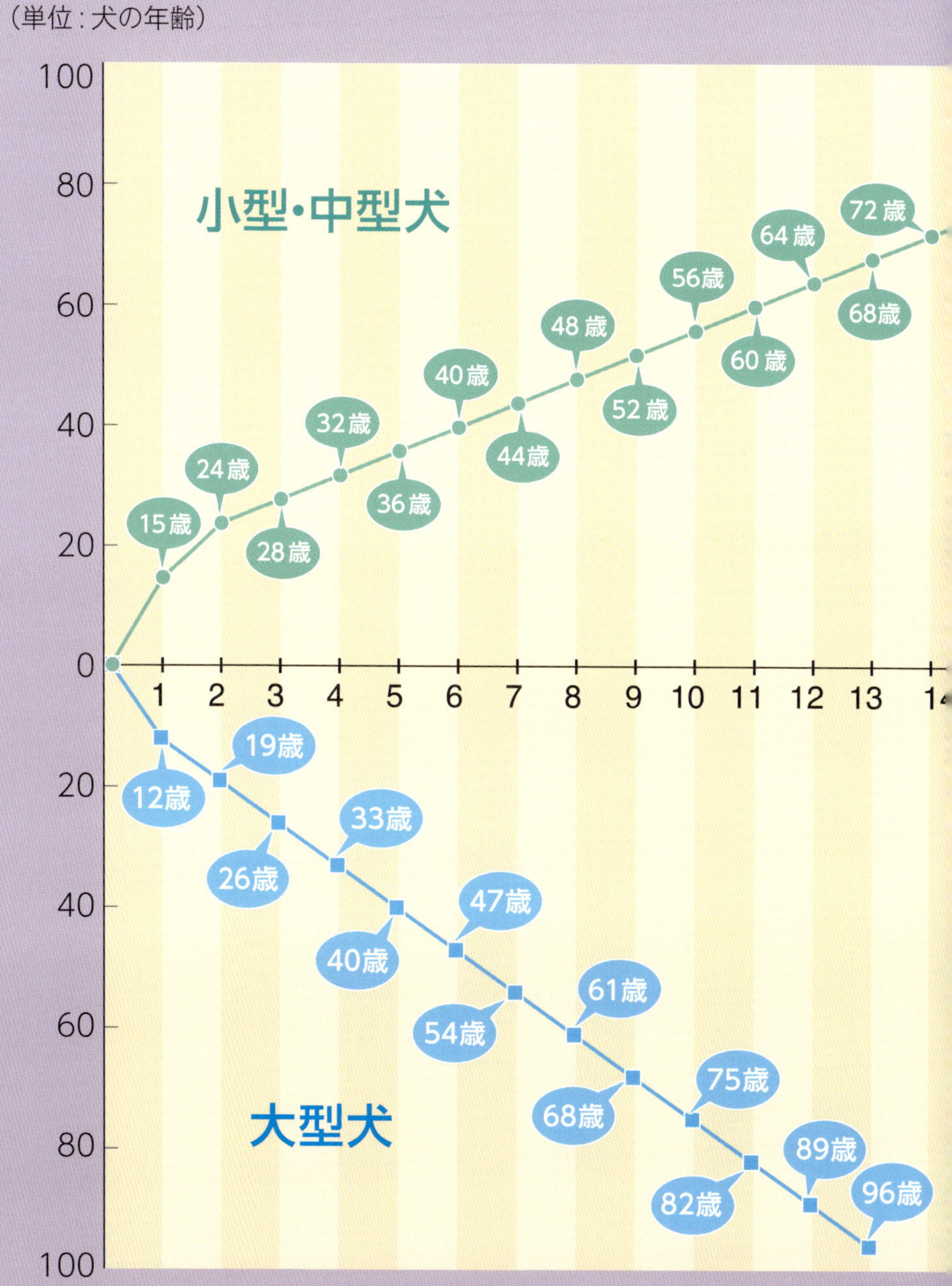
(単位:犬の年齢)
100
80
60
40
20
0
20
40
60
80
100
1
2
3
4
5
6
7
8
9
10
11
12
13
14
小型・中型犬
15歳
24歳
28歳
32歳
36歳
40歳
44歳
48歳
52歳
56歳
60歳
64歳
68歳
72歳
大型犬
12歳
19歳
26歳
33歳
40歳
47歳
54歳
61歳
68歳
75歳
82歳
89歳
96歳

- 社会化レッスンで社会化を進めていこう
- 「条件付け」で社会化レッスンを効率良く！
- 犬がかみつく４つのケース

THE PERIOD OF
ND BITING

CHAPTER 3

# 子犬とかみつきと社会化期のかかわり

かみつくことをいけないことだと
犬に教えるのに一番手っ取り早いのは、
子犬の時期の社会化期に教える方法です。
社会化期は人の子供にもあるように、
犬にとっても重要な時期です。

- “かみつくこと”と関係の深い子犬の社会性
- 「心のワクチン」と「社会化レッスン」

INVOLVEMENT OF SOCIALIZATION

SOCIALIZATION OF THE PUPPY CLOSELY RELATED BITING

# "かみつくこと"と関係の深い子犬の社会性

人が社会性を失ってしまうと大変な人格になってしまうのと同じく、犬も社会性を身につけないといけません。
そうならないための"社会化"を覚えておきましょう。

> 兄妹犬に対して興味を持ちはじめ、遊びだす時期。この頃から犬同士のルールなどを学びます。

> 本能のままに行動する産まれたばかりの子犬。におい、温度を頼りに母親を探します。

## 社会化前期

## 移行期

人が持つ"子供"の時期は一般的に18年間。この時期に義務教育としてさまざまなことを学び、やっていいこと、いけないこと、そして世間の常識を学んでいきます。しかし、犬にとっての子供の時期は、たった1年間ほどしかありません。犬は1年間で人間でいう18歳まで歳をとるといわれています。なので、この1年間でどれだけ多くのことを見て、触れて、聞くことができるかで、犬の将来の生活は大きく変わってしまいます。

警戒心がうすく、なににでもポジティブな時期はおよそ生後2カ月まで。それ以降は、見たことのないもの、人、犬、聞いたことのない音、などに"不安"を感じるようになり、その対象に対して『あれはイヤなものかな?』『この音は心のワクチンが必要な時期。このときにいろいろな刺激を与え、愛犬の抵抗力をあげなくてはいけません。

## 社会化後期

お散歩に出る時期。たくさんの人、犬に出会い、いろいろな経験をさせてあげましょう。

## 社会化完了期

なに？』という警戒心が育っていきます。これらを、対処せずそのまま育てると、その〝不安〟に対して、逃げ、吠え、果てには攻撃するようになっていきます。そんな〝不安〟を〝当たり前〟にするには、子犬の時期に行うレッスンが必要不可欠。このレッスンが不足がちになり、不安なものが不安なまま育ってしまうと、成長したときにその対象にかみついてしまう可能性が非常に高くなります。〝不安〟に対して警戒心を抱く前に、「これはこわくないんだよ」ということを犬に教えていくことが大切になるのです。

　子犬の頃のレッスンで得たものは、成長しても覚えています。結果的に、生涯の宝といえるものになります。子犬の時期には進んで社会化レッスンを行いましょう。

# 「心のワクチン」と「社会化レッスン」

**犬に必須なワクチン。病気予防のワクチンはもちろんですが、これからのための「心のワクチン」も必要。また、そのワクチンを打つ「社会化レッスン」もとても重要です。**

社会化が不足するということは、犬にとっての「心のワクチン」を打たないで外の世界に出してしまうということです。「心のワクチン」とはいろいろな物や事、音に対する抵抗力のこと。

私たち人からすれば、この世界にあるさまざまなものに、ある程度の耐性や抵抗力があります。車の音や工事の音、男性や女性、大きな人や小さな人…どれを見ても当たり前のように受け入れられるでしょう。しかしそれは、今まで当然のように何度も目にして、耳にしているからです。大げさな話、突然目の前に恐竜が現れたら、あなたは恐怖を覚え混乱してしまうと思いませんか？　もちろん、これは例え話なのでありえません。でも、犬にとっては私たちが暮らすこの世界でも、いろ

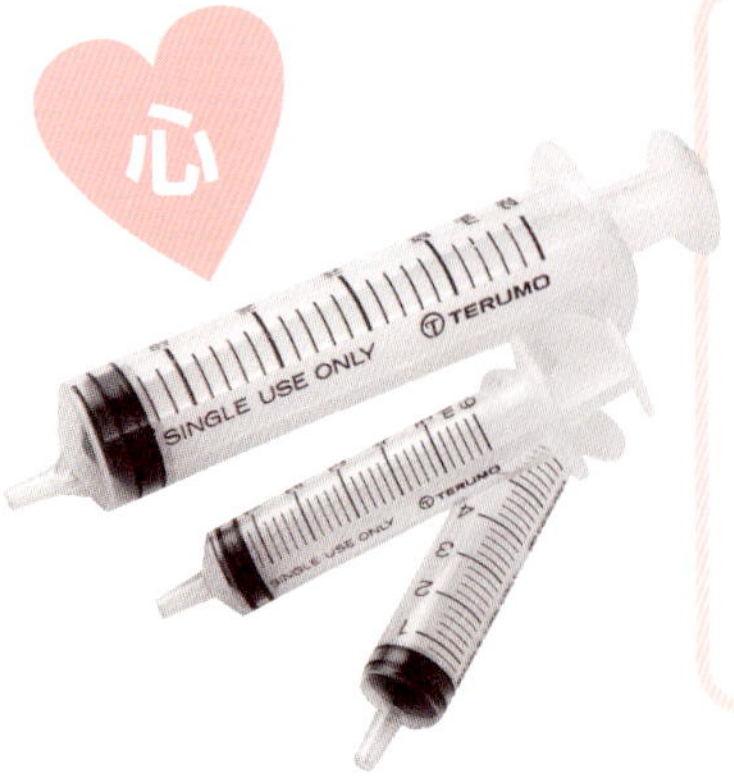


## 心のワクチンの効能

- 将来的に人を好きになります
- 犬と分け隔てなく遊べるようになります
- どんな音にも恐怖を感じません
- さわられることが好きになります

この世界にあふれるいろいろな音、物、人、犬を当たり前のように受け入れることができるようにするためのワクチンのこと。犬の心を、どんなことでも混乱しないでどんなときでも平然と受け入れられる、強い心に育ててくれます。

## 成犬でも時間をかければ

子犬の時期に行うのが社会化レッスンですが、成犬も不可能ではありません。子犬に比べればいろいろなものに慣れるのに時間がかかりますが、じっくりと時間をかければ成犬でも社会化の教育はできます。無理強いをさせず焦らずに行い、社会化の再教育をしてみましょう。

いろなはじめて体験にあふれているのです。聞いたことがなければ車の音にも驚くし、雷の音にも驚きます。会ったことがなければ、大きな男性や大きな犬には不安を抱きます。

そんな、今後暮らしていく世界でおとずれるであろう体験を、子犬の頃に心のワクチンとして行い慣れさせるためのレッスン…それが「社会化レッスン」です。

社会化レッスンをあまり行わずに育ってしまうと、前述したような車の音、雷の音、大きな男性、大きな犬など経験したことのないことに対し、不安を覚えます。これをそのままにしてしまうと、不安なものに対して過剰に反応してしまいます。その結果、犬は不安になって混乱し、攻撃をしてしまうことがあります。

### 社会化レッスン

いろいろな音、物、人、犬に対する抵抗力をあげるための、心のワクチンを打つためのレッスンのこと。さまざまなことを犬に聞かせ、経験させ、接触させます。そうすることにより、犬はいつどのようなときでも混乱せず、不安なものに対してかみつくこともありません。

# 社会化レッスンで社会化を進めていこう

ただ犬と部屋で過ごす、いるだけでは犬の社会化はできません。
しっかりと犬に勉強をさせることが大切です。
その勉強を社会化レッスンとして行い、犬の心を育てていきます。

lesson

## 知らない人とたくさん会おう

家族以外の人と、たくさん会いましょう。近所の飼い主さん、ペットショップの店員さん、獣医さん。とにかくいろいろな人に会わせておき、犬に人は怖くないということを教えてあげましょう。パピー教室（子犬のしつけ教室）は人が集まるのでお勧めです。

lesson

## まずは外に出よう

子犬だからといって外に出られないわけではありません。病気予防のワクチンを打つまでは外を歩けませんが、飼い主が抱っこすれば外を見て、聞いて、嗅ぐことができます。散歩をする日に突然外に出して歩けないというのはよくある話です。

知ろう

## どんなことでも楽しいと思わせる

何が起こっても、何がいても楽しい！と思わせるような経験を犬にさせてあげましょう。人にさわられたらオヤツなどでごほうびをあげるようにします。そうすると、犬は人にさわられることを好きになります。いろいろな工夫をして、楽しい経験を積ませてあげることが大切です。

### 急ぎすぎずに少しずつ

子犬に外を慣れさせたいからといって、突然地面におろして「ほら慣れな」というのは無理な話。これでは逆に恐怖を植えつけてしまいます。どんな経験も、まずは小さなことからはじめましょう。しかし子犬の時期は短いので、その時期のなかでできるように考えましょう。

lesson

### 体をさわられることを知ろう

体にさわられることに慣れておかないと、今後のお手入れなどで非常に厄介。また、他人からさわられることも経験させ、慣れさせておきましょう。同時に、お手入れに関しては小さな子犬の頃から慣れさせていくといいでしょう。

lesson

### いろいろな音を聞いておこう

この世界はいろいろな音であふれています。今後の対策を含めてよく慣れさせたい音は、インターフォンの音や雷の音です。突然の音は、ムダ吠えの問題や臆病さをより強化してしまう可能性が非常に高いので気をつけましょう。

lesson

### 犬を見てさわって遊ぼう

実際に成長した犬と外で遊んだりするのは、病気予防のワクチン接種後からでしょう。しかし、それまでの期間にもなるべく犬同士で会わせておきたいもの。教室をうまく使って、ほかの子犬と出会って遊ぶことが大切です。

# 「条件付け」で社会化レッスンを効率良く！

犬の学習方法の基本が「条件付け」というものです。
言葉はむずかしそうに思いますが、理論は意外とわかりやすいもの。
それについて知っておきましょう。

## ワルイ条件付けとイイ条件付け

### ワルイ条件付け

悪い形でも行われてしまう条件付け。子犬の教育で体罰を行うと、将来的に攻撃的になる可能性があります。

### イイ条件付け

条件付けの理想的な形。これをくり返すことで、トイレの正しい方法と場所を学習します。

「条件付け」という言葉こそむずかしそうですが、条件付けの基本はほとんどの飼い主さんが実践できています。例を挙げれば、「オスワリをしたからオヤツをあげました」「トイレをペットシーツの上でちゃんとしたのでオヤツをあげました」など。これがまさに条件付けです。これをうまく活用して、なにも知らない子犬に新しい行動を教えていくことができるのです。

これを犬の視点で考えると、オスワリといわれた→オスワリをした→オヤツをもらえた…という感じに。条件付けができている結果です。オスワリといわれてから座るとオヤツがもらえる！ということを、犬が学習したということになります。

これはさまざまなことに活用が

## 「イイコ」を教える

『イイコ』の意味を正しく条件付けする方法。『イイコ』と愛犬に声をかけ、そのあとオヤツをあげます。これをくり返すと、イイコという言葉の意味をとてもポジティブに受け止め、イイコの言葉で嬉しくなるように。

## 「なでられる」ことを教える

なでられる、体をさわられるということをポジティブにしていくための条件づけの方法。体をなでたり、いろいろな箇所をさわったあとにオヤツをあげます。なでられることが嬉しくなるだけでなく、将来的にお手入れもしやすくなります。

できます。社会化レッスンで教えたい条件付けといえば、なでられることと「イイコ」という言葉が喜ばしいということを教えること。『なでられた↓オヤツがもらえた』ということで、なでられることが好きになり、それがとても嬉しいことと考えるようになります。そして、『イイコと声をかけられた↓オヤツがもらえた』ということで、イイコという言葉に対して喜びの感情を抱くようになります。

　条件付けをいろいろな生活シーンで利用すれば、子犬がこういうときにどうすればいいのか、なにをすればほめてもらえるのかと自分で考えて動くようになります。飼い主自身がしてほしいことをしたときにオヤツがもらえれば、『ここでこうすればいいんだ』と犬は学習していくわけです。

# 社会化不足の犬がかみついてしまうまで

社会化不足に陥っている状態だと、行動がだんだんと危険性の増したものになってしまうケースがあります。かみついてしまうまでの流れを見てみましょう。

これまでの社会化レッスンが不足するとどのようなことになってしまうのでしょう。社会性を身につけることができなかった犬すべてがかみつくようになってしまうわけではありません。しかし、社会化レッスンを受けずに育ってしまうと、どんな犬でもかみついてしまう可能性を持っています。

社会化不足の犬がかみついてしまうようになっていくには、犬のなかでそこにいきつくまでの流れがあります。まず最初の段階では、不安の対象が存在するその場から逃げるようになります。これはまだ臆病な性格といえるレベルですが、決して油断ができる状態ではありませ

## 逃げる

見知らぬ人、犬、環境に出会うとそこから逃げようとします。

## 吠える

逃げられない状況と判断すると恐怖や不安を追い払うために吠えます。

ん。逆に、生活で常に臆病な犬の多くは社会化不足といえるでしょう。

次に吠えるようになります。逃げられない状況に陥ると吠えて、先制攻撃で不安の対象を追い払おうとします。吠えるほかに、唸ったりするのも同様です。かみつくまではいきませんが、その威嚇行為で犬自身が危険を回避しようとします。

それでもその状況から逃げられなかったら、暴れるように。暴れることで体全体で否定し、過剰な動きで飼い主も混乱してしまうケースも。主にトリミング、動物病院での診療時に暴れる犬が見受けられます。

そして最後にかみついてしまう。その犬による直接的な攻撃が行われてしまいます。社会化不足の犬として育った結果こうなってしまうと、一般の飼い主ではなかなか矯正ができなくなります。行動治療やプロとともに、社会化レッスンを最初からじっくりやる必要があるでしょう。

この流れこそが、社会化不足になってしまった犬のかみつくまでの流れとその経緯です。これのどれかに当てはまりそうなら、愛犬は一部のことに対して社会化が足りていない可能性があります。どんなときにこれらの行動が見られたのかを思い出して、愛犬とともに社会化レッスンをはじめてみましょう。

## 暴れる

動物病院やお手入れ、捕まりたくない、その場にいたくない状況で暴れます。

## かみつく

つかまってしまったり、自分の安全距離のなかに入られるとかみます。

# 犬がかみつく4つのケース

犬が思わずかみついてしまうのはどんなときでしょうか？
主なシーンとして4つのケースを考えてみましょう。

## SCENE 1 自分の身が窮地に陥ったとき

自分の身が危険に立たされたときや、窮地に陥ってどうしようもないとき、あなたはどうしますか？

犬によってもそのときの行動は違いますが、このようなケースではたいていの犬はかみついて自分の身を守ろうとするでしょう。

このケースでむずかしいのは、犬それぞれで「危険」「窮地」と感じる具合がバラバラということです。犬によっては些細なことも恐怖になります。たとえば、子供がさわろうとしてきた、ほかの人がなでようとしてきた…これだけでも、それに慣れていない他者からの刺激に敏感な犬にとっては危機的状況になりえるのです。

窮地に陥ってかみつく犬の場合、その状況に慣れておらず（知らず）どうにもできない心境のまま、自分を守ろうとかみついてしまいます。

そんな犬の状態としては、まず逃げようとしたり隠れようとします。それでも対象が近づいてきたら体が緊張して固まったり表情が険しくなります。その後、かみつくという行動にうつるのです。

犬にとって、人は相当大きな動物です。小型犬なら数十倍、大型犬でも数倍の大きさが一般的です。そんな大きな動物の突然の行動、接触、いたずらなどはかなりのプレッシャーになっているはず。考えてもみてください。目の前に私たちの5倍ほどの大きさの動物がいるとしましょう。恐竜でも空想でもいいです。しかし、その動物はいくらかは優しく接してくれます。でも、その動物が突然手を伸ばしてきたり、覆いかぶさってきたら怖いですよね？ 犬の視点からの世界を考えてみるのもまた、愛犬のことを深く理解するきっかけになります。

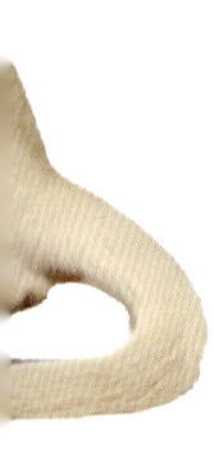

SCENE 2

## ほかの犬から攻撃を受けたとき

散歩中など、犬同士が出会うことは少なくありません。そのとき、相手の犬とふれ合ったり臭いをかいだり、遊んだりするでしょう。しかし、人でもそうであるように、犬でもどうしても馬の合わない相手というのがいます。そのときに怖いのが犬同士の争いです。

犬同士の本気の争いはとても激しく、人にもとばっちりで危害が及ぶことがあります。人が仲裁に入ることで争いは収まるかもしれませんが、飼い主同士もただではすまない場合が。

「うちの犬はほかの犬が好きだから」「遊び上手だから」と、積極的にほかの犬に接触させようとする人がまれにいます。犬同士でコミュニケーションをとるのはいいことです。しかし、相手の犬がほかの犬を好きかどうかはわかりません。無

本当にトラブルを起こすほどかみついてしまう場合、犬の様子に何らかの変化があります。それを見逃さないようにするのも、飼い主の重要な役割のひとつです。

理に近づけてしまえば、相手の犬があなたの犬にかみついてしまうかもしれません。お互いの犬の様子を見たり、飼い主に許可を得てから、犬同士のコミュニケーションをとらせてあげましょう。

SCENE 3
## お気に入りのものを守ろうとしたとき

犬にだってお気に入りのものがあります。オヤツやごはん、オモチャや場所など、できれば渡したくないものがあります。そして、本当にお気に入りのものは守りたいと思ってしまうのが犬の本当の気持ち。人でいう財布や携帯電話など、どうしても他人には渡したくないものと同じような感覚でしょう。

オモチャで一度遊ばせたら飽きるまで返してもらえない。取ろうとするとかみつかれる…これらはこのケースの最たる例でしょう。オモチャのほかにも、食器、場所などでかみつかれてしまうトラブルが実際に起こっています。

飼い主側からすれば、「もう遊び終わったから」「ごはん終わったから」などという軽い気持ちで犬から返してもらう、片付けようとするでしょう。しかし、犬によってはこれを『奪われる』という解釈してしまうことがあります。『奪われてたまるか！』と勢いで唸ったり吠えたり、かみついたりしてしまいます。かみついた結果、『お気に入りを奪われなかった』と考えるようになってしまい、かみつくことをくり返してしまうようになるのです。

SCENE 4
## 家族の身を守ろうとするとき

犬にとって、一緒に暮らす人々が自分の家族です。きっと家族を持つあなたがそう思うように、何かあったときは家族を守ろうとする犬もいます。でも、人にとってはなんでもないこと、人、物、犬でも、愛犬は

食器を守ろうとする犬は多い傾向にあります。食器への執着ともいえるので、それを和らげるトレーニングをしましょう。

危険な対象と判断してしまう場合があるのです。それは、犬自身がその対象（人、犬、車、大きいものなど）に慣れていないと起こってしまいます。まずは吠えたり唸ったりなどをして相手を退かせようとしますが、それでもどうにもならなかった場合、かみついてしまいます。その相手が、実はなんの危害もない場合は、ただの問題行動として捉えられてしまうでしょう。

人にとってなんでもないものを恐怖の対象と捉えてしまうのには、犬なりの原因があります。そう感じてしまう原因は、見たことがなかったり、イヤな思い出があったりするものです。見たことがないものに関しては、社会性を身につけるレッスンである程度緩和することができます。子犬の頃から行うべきものですが、まったくそれを行わないこともあり、このケースにつながってしまいます。



犬同士のかみつき遊びを子犬でも成犬でも経験させておくと、犬同士の争いで危害を加える側にはなりにくいでしょう。犬同士のかみつき遊びは、加減したかみつきを知っている犬だけができます。

COLUMN

# 犬の社会化レッスンはまだまだ続いています

～社会化に終わりはないのだ！～

「子犬の時期だけみっちり社会化レッスンを積んだ！　うちのコはもう大丈夫！」

…社会化レッスンを無事に終えたみなさん、こんなふうに油断をしていませんか？　人も新しいことや物を見て知って経験するように、犬の社会化だって生き続ける限りずっと続きます。社会化のレッスンに終わりはないのです。

成犬になって、高齢犬になってもどんな局面に遭遇しても、それを「いいこと」「楽しいこと」と犬に教えてあげてください。楽しいことがまだまだあると伝えてあげてください。今後もいろいろな場所に行っていろいろな物を見せてあげてください。犬も飼い主も、きっとさらに広い世界に出会えます。

COLUMN

# 子犬だらけの楽しいパピー教室をいかそう

~子犬だらけのハッピートレーニング！~

自宅で知り合いを呼んだり、犬を呼んだりして社会化レッスンをするのもいいでしょう。でも、もっと効率のいい方法があります。

それが「パピー教室」です。パピーレッスンやパピーパーティーなどとも呼ばれていますね。

今ではいろいろなしつけ教室がこれをはじめています。たくさんの子犬や人が集まるので、子犬の社会化レッスンにはもってこい。ここでしかできないような、いろいろな勉強を子犬にさせてあげることができます。たくさんの人や子犬を見て、さわって、遊ぶことができるのは、こういった場しかありません。近所やバスで行ける場所を探して、積極的に参加してみましょう。

犬が安心できるスペース

犬種特性を考えよう

# かむ犬、かまない犬

どうしてウチの犬はかむのでしょうか。
隣りの家の犬は全然かまないのに……。
そんな『隣りの芝生』のような、
悩みを持っている方、
その考えを、まず抜本的に変えなければ
あなたの悩みは解決しないかもしれません。
なぜ、犬はかむのか、
基本中の基本について考えてみました。

リーダーは誰？

# CHAPTER 4

# DOG BITE AND DOG DO NOT BITE

THE REASON DOGS DO NOT BITE AND DOG BITE

# かむ犬とかまない犬がいる理由

まったく同じ状況でもかんでしまう犬と、かまない犬がいます。この理由のひとつに挙げられるのが犬種特性です。

現在、FCI（国際畜犬連盟）が公認をしている純血種たちは、500犬種近くいます。そのほとんどの犬たちが、ある目的のために選択繁殖をされて作られた犬たちです。その目的の中には『羊を追う』というのもあれば、『外敵から家族を守る』というのもあります。かつては『闘犬』のために作られた犬種もいました。そのお仕事の中には防衛のために『かみつく』という行動が必要とされていたものもあったのです。

現在では家庭犬ではそういった特性をなくすように繁殖が進められているのですが、その性格を持つ犬種とまったく持たない犬種では、やはり行動パターンが異なるのです。また、根っからおおらかな犬種もいれば、多少、気の短い犬種もいます。それがその犬種の魅力でもあるわけですが、こういった犬種特性を知った上で、行動を理解してあげることも大切といえます。

## 番犬的傾向

犬種特性以外にも犬たちには、人間と暮らしていく中で強められた傾向がいくつかあります。その代表的なものが『番犬』の気質です。自分たちのテリトリーに入ってくる見知らぬ者を威嚇して追い出そうとするのはそのためです。現代では迷惑に思われがちな行動ですが、このお陰で人類は進化したといわれています。

## 牧畜犬の要素

数多い牧畜犬たちも長い歴史のなかで、人間の生活をサポートしてきました。家畜を追ったり、まとめたりするのが彼らの仕事なのですが、そういった仕事のない現代の犬たちは、ついつい出すぎた行動をしてしまいます。しかし彼らも一生懸命仕事をしているだけなので、そのあたりを理解してあげないと解決できません。

## トラウマによる問題行動

人間でもはじめて行く場所、はじめて会う人には不安に感じます。犬も同様です。

小さな頃にそういった体験をしていないと、成犬になってなにもかもが不安になってしまいます。体験をしていても、空白期間があると臆病になってしまいます。

CASE STUDY

# 愛犬のコーギーは、なぜかかかとをかみます。

私の愛犬のウエルシュ・コーギーの夢ちゃんは、今年2歳になる男の子です。とてもいい子で、日常のしつけも私がしましたが、オスワリやマテなど必要なしつけはすんなりとおぼえてくれました。これまでの生活でも私を困らせるようなことは一切ありませんでした。夢ちゃんがいい犬だったのか、私のしつけがうまかったのか、どこに行っても「夢ちゃんはいい子だね」とほめられるくらいの犬でした。

ところが1歳になった頃から、私のかかとをなぜかかむようになったのです。と、同時にこれまでは一切なかったのですが、少し吠えるようにもなりました。

そんなに強くかむわけではないので、ちょっと血が出る程度で、病院に行くほどではありません。じゃれているのかなと思ってあまり気にも止めなかったのですが、最近はお客さんのかかともかむようになってしまいました。さすがにお客さんは驚いてしまって、大騒ぎになってしまったのです。かんではいけない、というしつけをしっかりとしなかったせいかもしれませんが、いくら怒ってもやみません。

むしろ怒れば怒るほどひどくなっていくような気がします。だんだんかむ力が強くなったら…と、考えると、ちょっと不安になってきます。

ANSWER

# 立派な犬ですから、いっぱいほめてあげてください。



まず大事な所を見逃していらっしゃると思います。コーギーは元々が牧畜犬で、牧場の牛を追う仕事をしていました。牛のかかとをかんで追っていたのです。つまり、「コーギーがかかとをかむというのは、一生懸命お仕事をしているということで、むしろ立派なコーギーということができます。

あなたのかかとをかむようになったのは、あなたに何かをやってもらいたいのかもしれません。それだけあなたと夢ちゃんの関係が深まった、ということもできるかもしれません。そんなコミュニケーションを怒ってやめさせようとしても、夢ちゃんは混乱をしてしまうだけで、むしろ他の問題行動のひきがねになってしまうかもしれません。『ほめてやめさせる』という方法をおすすめします。つまり「わかったよ」という意志を犬に伝えてあげるのです。

日本人は小型犬はすべて愛玩犬と考えがちです。「小型犬だから飼いやすいと思った」との理由で飼う人が圧倒的に多いのが現実です。しかし、コーギーをはじめ、ダックスフンド、小型テリア種など、体は小さくてもワーキング・ドッグとして活躍してきた犬種には、DNAにその仕事内容が刻まれています。そこがむしろ魅力だったりもします。

DNAを消し去ってしまったら、その犬種にこだわる理由がなくなってしまいます。

選択繁殖をすることによって、能力やスタイルを高めているのが、純血犬たちの特徴です。その特徴によっては、鳴いたり、かんだりする傾向が強められている犬種もいます。しかし、多くの場合その特徴は決められたシーンで発揮されるもので、訓練によって能力の出し方をコントロールすることができるのです。必要なのは正しい犬種の知識と、適切なしつけということになります。

## トイ

シー・ズー

小型愛玩犬として、多くの人たちに愛されている犬種ですが、最近の傾向としては、愛されすぎ症候群ともいうべき、分離不安の犬たちも増えてきています。その結果、不安スイッチの入るレベルが低下してきており、些細なことでもかみつく犬もふえています。小型犬といえども、育て方、しつけ方について真剣に考えて取り組むことが大事です。

**代表的な犬種**

チワワ、ポメラニアン、トイ・プードル、ミニチュア・ピンシャーなど

# 犬種の傾向

## スピッツ

柴犬やシベリアン・ハスキーなど北方犬種のグループです。自立心が強く、家族との絆も強い犬種なのですが、それだけに家族を守ろうとして、時として警戒行動が強くなることがあります。テリトリーへの他者の侵入や暴力行動と間違うような行動をこの犬種の前で行うと、アクシデントが起こってしまう可能性もあります。

代表的な犬種　日本スピッツ、秋田犬、シベリアン・ハスキー、サモエドなど

柴犬

シェットランド・シープドッグ

## ハーディング

羊や牛などを追いかけたり、まとめたりする、という、主に牧場で働いていた犬種たちです。その仕事の内容は多岐にわたり、仕事のスタイルによって犬種の特性も異なりますが、動く物を見ると追いかけたり、吠えたりする習性が他犬種より顕著です。他犬種より興奮をするとかみつく犬たちがいるのもそのためです。適度に運動をさせるのが上手に飼うコツです。

代表的な犬種　ボーダー・コリー、ウエルシュ・コーギー、オールド・イングリッシュ・シープドッグなど

ボクサー

# ワーキング

荷物を運んだり、警備をしたり、人間の生活のサポートをしてきた犬種たちです。仕事によっては荷役のようなおっとりとしたものもあるのですが、警備系のガード・ドッグたちはかむことで敵を追い払うトレーニングを受けていることもあります。ペットとして飼われている犬たちはそういった習性を排除して繁殖をしていますが、血筋があることは知っておくべきでしょう。

代表的な犬種　セント・バーナード、グレート・デン、ロットワイラーなど

# テリア

ウサギなどの小型獣の猟で活躍していた犬種だけに、小型のテリアでも愛玩犬たちとは異なり、タフな体力と頑固さを併せ持っています。そのため興奮することも多く、とくに動く物に対しては敏感に反応をします。猟犬気質のせいか、お気に入りの物に執着する傾向も高く、オモチャの争奪戦もヒートアップしがちです。勢いあまってかんでしまうこともあります。

代表的な犬種　ジャック・ラッセル・テリア、スコティッシュ・テリア、ケアーン・テリアなど。

ワイヤー・フォックス・テリア

# 犬種の傾向

## ハウンド

ダックスフンド

砂漠や森林などで獣を追いかけて猟をするスタイルの猟犬たちです。目で追ったり、臭いで追ったり、猟のスタイルはさまざまで、犬種特性もわかれます。サイトハウンドは動く物への興味が強く、しかも執着心も強いので、ドッグランなどでは注意が必要ですが、セントハウンドはむしろ『吠える』ことへの注意が必要になってきます。

代表的な犬種　ビーグル、ボルゾイ、グレーハウンド、バセットハウンドなど。

## ガンドッグ

鳥猟専門の猟犬たちです。このグループの犬種の特徴は獲物を発見する猟犬と、その獲物を回収するレトリーブ系の犬種がいることです。運搬をする犬たちは獲物をかむ習慣があるのですが、傷つけないように甘がみのような状態でかむ練習をしています。陽気でフレンドリーな犬たちなのですが、甘がみがこうじないように注意しましょう。

代表的な犬種　ゴールデン・レトリーバー、アイリッシュ・セッター、イングリッシュ・ポインターなど。

ラブラドール・レトリーバー

# 犬の『パーソナルスペース』に、上手に入るには

ドッグランでかわいい犬に出会いました。別段警戒をしているようではないので、近寄ろうとすると、その犬はちょっと離れてしまいます。かといって遠くへ逃げてしまうわけではなくて、少し離れたところで、またこちらをジッと見ています。イヤがっているのではないなと思って近寄ると、また少し離れてしまう。で、一向にその距離が縮まらない。

こんな体験をしたことがある人がいると思います。確かにその犬にきらわれているようではないのですが、近くに寄ることができないのです。このとき犬たちがとっているスペースのことを『パーソナルスペース』といいます。何かあったら、その人や犬にふれられることなく逃げられる距離ということもできます。もちろん、飼い主と愛犬の間には信頼関係がありますので、このパーソナルスペースは存在しません。逆にとても広いスペースを持っている犬もいて、この広いスペースに入られるのをイヤがる犬もいます。

# 犬が自分から近寄ってくるように

## 大好きなオヤツで、引き寄せる

パーソナルスペースに突然入られると、不安や威嚇からかみつく犬がいることも事実です。そのスペースをなくしてしまうこともひとつの解決方法です。ポイントは犬が自分から近寄ってくるようにすることです。

## 名前を呼んで、近寄らせる

オヤツなどによって、近寄ることがそれほど不安でなくなったようであれば、今度は名前を呼んで、呼び寄せるようにしてみましょう。飼い主の隣にいる人への不安がなくなれば、近寄ってきます。

## 友だちからごほうびを

名前を呼ばれて、自分から近寄ってくることができたら、お友だちがごほうびをあげるようにします。これができるようになったら、このお友だちは、その犬のパーソナルスペースに入っても大丈夫ということになります。

LET THE DOG UNDERSTAND THE SITUATION

# 犬にその場の状況を理解させてあげよう

85ページで紹介をしているように、犬たちがかみつくのにはそれなりの理由があります。それは犬種特性だったり、不安だったり、独占欲だったりするわけですが、どんな事柄が理由であったとしても、意味もなくかみつくことはありません。

ですからもっとも重要なのは、飼い主がその場の状況を理解して、さらに犬たちのボディランゲージを理解して、かみつく前に事前に回避することなのですが、いつも飼い主が回避をしているばかりでは、物事の解決にはなりません。犬たちにも理解、学習をさせることを日々の生活から心がけるようにしましょう。

ポイントはじっくりと犬たちに学習をさせること。犬たちの自主性を尊重して、さらによい方向に導くようにします。『犬の自主性』といっても、犬の自由意志にまかせるわけには行きませんから、あくまでも導いていくのは飼い主です。飼い主の判断力も試されるしつけといえるかもしれません。

# 『犬の安心』を、最優先に

## 落ちつかせて外出

お散歩がきらいな犬はほとんどいませんが、逆にテンションがあがってしまって、ガウガウするタイプの犬の場合、気持ちを落ちつかせてから出かけるのもいいでしょう。小型犬なら抱っこをして、ワンクッション置いてから、扉をあけてみます。

## 玄関の前で小休止

同様に、ハイテンションのまま出かけてしまうのではなくて、玄関の前で少し止まって立たせたままにしておきます。ゆっくりと周囲の状況を犬に確認をさせてから「前へ」や「お散歩」といったキューで出かけるようにします。

## 周囲を確認させてから

ドッグランでもすぐに走らせるのではなくて、飼い主はまずベンチなどでゆっくりとします。これは犬へのカーミングシグナルにもなります（142ページ参照）。雑誌などを読んでいるのもいいかもしれません。ただし横目で愛犬の観察も忘れずに。

OWNER IS NOT STRONG, BEING BITTEN?

# 飼い主が強くないから、かまれる？

私がいちばん
えらいのよ。
私にしたがい
なさい。
へへ〜い。
奥様。

「ウチの犬にかまれました」というと、それは飼い犬にバカにされている、あなたがしっかりしてないからかまれるんだ、ちゃんと家の中でリーダーをやっていますか、など周囲の人からいわれた時代がありました。この考え方は、もう、過去のものとなっています。

かつては、オオカミは群れの動物なので、そのリーダーに従う習性がある、だから家の中でも『群れ』を想定しましょう、といわれていました。しかし最近は異論を唱える専門家の方が多く、むしろそのしつけ方をすると、犬の問題行動を助長する、という考え方が主流となってきています。もちろん『群れ』にはリーダーが必要なのですが、それは力を持っている者、あるいはいちばん偉い者のことではなくて、『リーダーの資質がある者』で、言っていることがコロコロ変わる、機嫌によって態度が違う、といった人間社会でも資質を問われるタイプは犬たちもリーダーとは認めないようです。

# 家庭内の序列は大事？

お父さん、お母さん…といった序列を作ることが、犬のしつけを上手にするコツといわれていましたが、今は家族の誰に対しても同じように服従することによって、しつけが成功するケースが増えています。

オオカミの群れ『ウルフパック』については、さまざまな研究が行われ、『犬の群れ』のベースになっていました。しかしウルフパックの実態については不明の部分も多く、リーダーは群れの秩序を保っているわけではない、といった意見から、『犬は人間を同じ群れとは思っていない』といった意見も出てきています。

## リーダー論にこだわりすぎないように

犬にリーダー権を奪われないように、『食事は必ず家の人が食べ終わった後に与える』『ベッドで一緒に寝てはいけない』といった考え方も変わりつつあります。むしろ一緒に楽しく暮らす方が、問題行動が発生しない傾向にあります。ただし、愛犬を甘やかすということと、脱リーダー論は違いますので、混同をしないように。

# 病気の心配も忘れずに

理由はすぐに解明をするので、問題行動というわけではないのですが、痛みによってかみつく犬もいます。

犬は人間のように体のどこかに痛い場所があっても「痛いよ」ということはありません。クンクン鳴くこともあるのですが、痛みであることが原因とわかるのは、随分とあとのことのようです。むしろ痛みがあることを隠そうとする犬も多くいます。これは野性時代のなごりで、もし体が弱っていることが外敵に知られてしまった場合、攻撃をされてしまうことがあるからです。ジッとこらえて、痛みをやりすごそうとします。こんなときに飼い主が触ろうとしたら、ふだんは温和な犬でもガウッとしてしまうのは仕方のないことです。こういったケースもあることをおぼえておく必要があります。

また、耳が聞こえない、目が見えない、といった犬たちも突然触れられると、恐怖からかみつくことがあります。進行性の眼病を患っている犬、病状などがわからない保護犬をあつかう場合には、かみつかれる可能性があることを想定しておく必要があります。

## 『痛み』の兆候

体に痛みがある犬は、姿勢や行動に異常が見られるようになります。一般的な症状について一部紹介をしておきます。

| | |
|---|---|
| 姿勢 | ・お腹を弓なりに持ち上げて、保護しているような姿勢。<br>・『祈り』の姿勢（左の写真：カーミングシグナルなどでも見られる姿勢です）<br>・異常な姿勢で座っている、または横たわっている。<br>・姿勢は普通なのだけれど、休んでいない。<br>・かたまったままになっている。 |
| 異常な動き | ・急に反抗的になる。・落ち着かない。・旋回をする。 |
| 鳴き声 | ・悲鳴をあげる。・クンクンと鳴く。<br>・吠える。・いつも鳴くシーンで鳴かない。 |

〈参考資料：Mathew KA：Vet Clin North Am：Small Anim Pract: 729-752 2000〉

**飼い主が気のつかない病気に注意**

最近増えている神経系の病気の場合、発作的にかみつくことがあります。脳腫瘍やてんかんといった病気です。かむ理由が見つからない場合にはこういった病気を疑ってみる必要もあります。病院で診てもらって、とくに病気でないことも多くありますが、診察をしてもらうにこしたことはありません。

また、最近増えてきているクッシング症候群のような内分泌系の病気の場合、精神的にイライラするようになり、やはり何の原因もなくかみつくことがあります。もちろん関節の脱臼なども痛みがありますので、普通に抱っこしようとしたら、急にかまれた、といったケースも増えています。小型犬の場合は膝蓋骨がはずれても気がつかない飼い主もいるようで、ふだんから歩き方の観察もきちんとやっておくことが大切といえます。

**救急手当は、まずかまれない予防を**

ケガや事故による救急の手当のときも、まず、かまれないような対処をしてから治療や移動をするようにしなければなりません。ふだんはまったくかんだことのないフレンドリーな犬でも、ケガによるショック状態でかみつくことがあります。犬自身もかまない予防をされることによって、精神的に落ち着くことができるでしょう。

短吻種の緊急口輪

## 『避妊・去勢』という方法も

かむ理由のひとつに挙げられるのが発情です。もちろんすべての犬に起こるわけではないのですが、かみぐせが性ホルモンによる場合もあるのです。事前に『性ホルモンが原因』という判断はくだせないので、手術が100%の解決になるとは言いがたいのですが、他の問題行動の改善や病気の予防にもなりますので、併せて検討してみるといいでしょう。

自信づけトレーニング

プラス転換トレーニング

LIVING WITH
A HABIT
OF BITING DOGS

CHAPTER 5

# かみぐせのある犬と暮らす

しつけをしても、かむくせの抜けない犬たちと
上手に暮らすにはどうすればいいのでしょうか。
そのポイントをさぐってみました。
かむのには必ず原因があります。
毎日の生活をしながら、その方法を
さぐっていくようにするのがポイントです。

なぜかむのかを考えてみましょう

逆条件付けで解決

# なぜ、かむのかを考えてみよう

かむ癖のある犬と上手に暮らすもっとも良い方法は、当然ですが、かむ癖をなくしてしまうことです。とはいうものの、この当然のことに多くの飼い主のみなさんは悩んでいるわけです。

前章でものべているように、犬たちがかむのは、それなりの理由があります。一番最初にやることは、その理由を見つけてあげることがもっとも重要なことといえるでしょう。

見つけることができれば、その原因を無くしてしまうこともできますし、それができないにしても、原因を避けて生活をする、あるいは何らかの方法で緩和することができるかもしれません。しかし意外にも多くの飼い主のみなさんは自分の犬を、冷静に観察できないものです。「そんなことはない」と、何らか異論をとなえる方もいらっしゃると思いますが、まずは左のページにある3大理由を、自分の犬にあてはめてみてください。いずれかにあてはまりませんか？

## 自信がない

かむ原因のほとんどは『不安』によるものなのですが、この不安の根底にあるのは『自信がない』というケースがほとんどです。なぜ、自信がないのかについては、下にあるふたつのことが原因になっているかもしれません。もちろん他にもいろいろなことが考えられます。

## いじめられたことがある

いじめだけでなく、イヤな体験、不快な体験をしていると、その体験に対して臆病になり、攻撃的になってしまうことがあります。「ウチの子はそんな体験なんてしたことない」と思っている方、あなたの家にやってくる前に体験をする、したことがあるかもしれません。

## 社会経験がなさすぎる

人間でも初めて行く場所、はじめて会う人には不安に感じます。犬も同様です。小さな頃にそういった体験をしていないと、成犬になってなにもかもが不安になってしまいます。小さな頃に体験をする、していても空白期間があると臆病になってしまいます。

CASE STUDY

# 子犬の頃、一生懸命社会化教育をしたのですが

生後４週間でわが家にやってきたシー・ズーのモモコのことで相談です。

できるだけいい子に育てようと、パピー教室にも通いました。その後もドッグランに行ったり、一緒に旅行に行ったりと、社会化期にはいろいろな体験をさせたと思います。

しかし成長とともに、犬ぎらいになってきてしまったようです。散歩に行っても、向こうから犬がやってくると、逃げるかのように私の後ろに隠れてしまいます。知っている犬のときなど、私の後ろから出そうとするのですが、お尻を地面につけて、頑として動こうとしません。最近はドッグランへ行っても中に入ることをイヤがります。無理矢理中に入れても、塀のそばの地面の臭いを嗅いでいるだけで、犬に近寄ろうとはしません。フレンドリーな犬が近寄ってきても、逃げ出してしまうのです。ドッグランに行くことすらイヤなのではないかと思う程です。

そればかりでなく、シャンプーやブラッシングもきらうようになり、強引にやろうとするとかみついてきます。

本気かみではないのか、ちょっと血が出る程度なのですが、明らかに甘がみとは違います。子犬の頃はブラッシングも全然平気だったのに、どうしてこうなってしまったでしょうか。ある日突然、というわけではないので、何かがトラウマになっているとも思えません。徐々にといった感じです。ですからこれといった原因も思い当たらないのです。こうなってしまうと、子犬時代のような人なつっこい犬に戻すことはできないのでしょうか。

ANSWER

# その後の生活環境はどうでしょうか



実は同様のお話はよく耳にします。最近は子犬の社会化期の重要性が浸透してきたせいか、多くの飼い主のみなさんが、社会化教育に熱心に取り組んだり、パピー教室に通わせるようになりました。

まず質問の『子犬の頃のように人なつっこい犬に』という点ですが、子犬時代はどんな犬でも人見知り、犬見知りはなく、いくつかの誰に対してもフレンドリーです。もちろんすべての子犬がそういうわけではありませんが、まだ、怖い者、不安な者がありませんから、誰にでも向かっていきます。この子犬特有の性格を取り戻すことは、どうがんばってもできません。しかし社会化というのは、そんな不安をできるだけ感じさせないようにするもので、その効果があまりない、というのは飼い主としては不安でしょう。これは社会化がうまくできなかったわけではなく、いくつかの理由が考えられます。ひとつめは、子犬時代から継続して社会と接してきたか、ということ。社会化期をすぎたから大丈夫、と考えてしまって、長時間他の犬と会わない生活をしていると、やはり内気な性格になってしまいます。グルーミングにしても定期的に行っていないと、イヤなものになってしまうことがあります。

科学的な根拠はないのですが、その犬が持っている性格も影響しているように思われるケースもしばしば見受けます。また、犬種の傾向も成犬になると顕著にあらわれてくるようです。とはいっても適したしつけをその都度することによって必ず改善をしますので、あきらめずに気長にしつけをしてみましょう。

人間にとって望ましくない行動のことを一般的に犬たちの『問題行動』といいます。問題行動は適切な方法で解決していかないと問題がより深刻化してしまうことがあります。専門家による指導の方法は後の章でも紹介をしていきますが、その方法のなかで獣医師たちが行っているのが、問題行動の治療です。症状を科学的に分析をして、動物の基本行動をベースに行動の修正を行う行動修正法と、去勢や避妊や薬物などを使用する獣医学的療法のふたつの方法で治療をしていきます。

行動修正法については獣医師だけでなく、トレーナーやドッグ・ビヘイビアリスト、ドッグ・カウンセラーによっても積極的に行われるようになってきていますが、薬物療法については獣医師しか行うことはできません。しかも実施している動物病院の数はまだまだ少ないのが現実ですが、来院する犬たちは圧倒的に『かみつき』が原因となっているケースが多くなっています。では、犬たちがかみつく攻撃の理由はどんなものがあるのでしょうか。

# 専門家が分類する『かむ理由』

## 犬たちが攻撃行動をとる主な理由

1 自己主張によるもの

2 縄張り意識

3 不安や恐怖によるもの

4 犬同士の攻撃

5 捕食の本能行動によるもの

6 『痛み』からの保身

### 1 自己主張によるもの

犬自身の主張によるもので、例えばイヤなことがあった場合、イヤな対象に対してかみつくことによって、その対象はいなくなってしまいます。このことからかみつくようになる、いわゆる『負の強化』（118ページ参照）による行動です。かむことによってどんどんと自分の周囲からイヤなことがなくなっていくわけですから、犬にとってこれほど便利な方法はありません。

### 2 縄張り意識

自分の縄張り、つまりテリトリーに見慣れない者が侵入をしてくると、そのテリトリーを守るために、犬たちは相手を威嚇します。威嚇をしても相手がどんどんと侵入をしてくる場合には、攻撃をしかけることがあります。郵便配達や宅配の人たちに飛びかかろうとするのはそのためです。これは犬にとって重要なお仕事ですので、怒られても何で怒られているのかわからない、犬にとって飼い主の行動が理解できないものになってしまうわけです。怒るのではなくほめることによって解決をしていくと意外にうまくいったりします。

### 3 不安や恐怖によるもの

初めて見る人や物、そして犬たちは不安なものです。また、以前にイヤな体験をしたことがあった場合と同じ状況が近づいてきたときなど、不安な気持ちが高まり、それが攻撃的な行動に変わってきます。家庭犬ではもっとも多いかみつきの原因といえます。

### 4 犬同士の攻撃

基本的には犬たちは意味もなく相手を攻撃することはないのですが、相手がどんな犬か上手に確認ができないときや、子犬や学習をしていない犬たちが必要以上につきまとうときなど、攻撃をすることがあります。とはいってもこのケースでは突然攻撃をしかけることはあまりなく、かみつき行動までの予備行動がありますので、飼い主のチェックによって回避することが充分にできます。

### 5 捕食の本能行動によるもの

オオカミ時代、犬たちは食物を得るために他の動物たちを襲っていました。これが捕食行動です。犬種によってはこの捕食行動からさまざまな犬種特性を作り出しているために、この行動があらわれてしまうことがあります。狩猟系の犬たちが小さい犬を追いかけるくせがあるのはそのためなのです。

### 6 『痛み』からの保身

犬たちは体のどこかに痛みがあったとしても、それを表に出すことはあまりありません。これは野性時代に、痛い素振りを見せることによって他の動物に襲われる可能性があったためといわれています。ですから飼い主も何も気がつかずに近づいてしまうわけですが、犬たちは自分の身を守ろうと攻撃行動にでます。

COLUMN

# 犬の記憶はどれくらい？

「小さい頃いじめられた体験がトラウマになってしまっている」犬たちがおびえているときなどに、しばしばかわされる言葉です。しかし犬の記憶はそんなにあるものなのでしょうか。さっき隠したオヤツの場所さえ覚えてはいないのに、何年も前にいじめられたことを執念深く覚えていることができるのでしょうか。

　人間の記憶は短期記憶、エピソード記憶、手続き記憶など記憶の内容によっていくつかの種類に分類されています。犬も同様で、人間の短期記憶にあたるものを実記憶、手続き記憶に近い記憶を連想記憶といっています。連想記憶はある体験と連想して覚えていることで、人間同様、かなり長い間覚えているそうです。ではどのぐらい覚えているのか、科学的な研究結果は出ていませんが、米国のある著名な作家の犬は10年以上前のことを覚えていた、と作品の中で語っています。

　ちなみに犬の帰巣本能についても科学的には解明されていませんが、『臭い』の記憶が関係しているのではないかともいわれています。

# 抑えるのではなく、「OK!!」のルールを作ってみましょう

もしみなさんに、とても怖い場所があって近づけないとき、「怖くないから近づきなさい!!」と、どんなに怒られたとしても、近づけないでしょう。信頼できる人が「私がついているから大丈夫」と励ましてくれたり、「そんなに怖いなら遠回りをしようね」といってくれることによって、やっと身動きがとれるようになります。犬にも同じことがいえます。

さらに、縄張り行動のように、その行動が犬にとって正当な行動だった場合には、犬は何で怒られたのかわからなくなってしまいます。そこに生じるのは不安感に他なりません。また、犬にとって理解できない飼い主の行動が繰り返されると、リーダーとして従う気持ちも薄れてきます。

そんな状況ではやってはいけないことを怒るのではなく、逆に『やっていいこと』を教えていきます。不安な状況が近づいてきたら、そこで『やっていいこと』をさせてあげるのです。

# 『かんではいけないこと』を、教えた？

## 甘がみは、犬にとっては楽しいこと

子犬にとって甘がみはとても楽しいことです。また歯が生える時期には、歯茎のむず痒さを解消してくれる遊びでもあります。飼い主にとって見ていて楽しい光景なのですが、かみつきの原因の一つに、この甘がみの延長もあるのです。

## 「やめなさい!!」を理解させたでしょうか

子犬の頃のあまがみは時間がくると疲れてやめてしまいますので、特別にやめさせないでも良かったからです。では、今日からやめさせようと思って、声で「やめなさい」と何度も言ったとしても、子犬は「やめなさい」を理解してはいません。

## どんな状況でも体罰をしてはいけません

お気に入りのオモチャなどを取り上げようとすると、イヤがって飼い主の手にかみつこうとすることがあります。その怖さからついつい手をあげて取り上げようとしてしまうことがありますが、これは絶対にやってはいけないしつけです。

# 甘がみをしてもいいルール

子犬時代の甘がみは、その行動自体は決して悪いことではありません。何にでも興味を持ちたがる、飼い主に甘えたがる、愛情表現をしたい、といった気持ちのあらわれですので、むしろ歓迎すべき行動ということもできます。

ではどうすればいいのでしょうか。おすすめなのは、やめさせるのではなくて、『やっていいとき』を飼い主が決める、**プラス転換**のトレーニングに切り替える方法です。この方法をマスターすれば、甘がみを助長することはなくなります。

ただし『やっていい』と『やってはいけない』の区別が、犬にしっかりとわかるように、飼い主もルールを守ることが重要です。このルールが守られないと、悪化していくことが予想されます。

ポイントは手の指をかませること。指ならば飼い主もその強さを確認することができます。どれくらいの力以上だといけないのかを犬にしっかりと伝えることができます。

# コマンドで甘がみ

プラス転換トレーニング

## 必ず飼い主がスタートをさせます

スタートは必ず飼い主が行います。「遊ぼうね」や「はじまり」のようなキューは避け、日常会話では使わないような言葉を用います。これならば犬がまちがってかむことを防ぐことができるからです。ダンバー博士は、絶対に他の言葉と混同されないように、外国語を用いては、とアドバイスしています。

## 他の場所をかんだらゲームオーバー

洋服など指以外の場所をかんできたら、すぐにゲームを終了します。かんではいけない場所を犬にしっかりと学習させるためです。

## しっかりと終わらせること

どんなゲームでもしっかりと終わらせることが重要です。「おしまい」などのキューを決めて終わらせます。催促をしても続けてはいけません。またゲームをしたい場合には、少し時間をあけて、また「かみかみ」からはじめるようにします。

Allow the bite

# かんでもいいときを
# 決めるルール

犬が大好きで、ごほうびとしても効果がある遊びが『引っ張りっこ』。しかしこの遊びは『かむ』が基本で、しかも犬の所有欲をあおる遊びですので、遊び方を間違えると、かむ行動を助長させることになりかねません。かといって、犬たちからこの遊びを取り上げてしまったら、犬の人生の楽しみの3分の2ぐらいは奪ってしまうことになります。それはそれで違う問題も発生してきてしまいます。

そんなことにならないようにするには、やはりこの遊びにもきちんとしたルールを作ること。ポイントは『かんでいいとき』を、しっかりと決めることです。甘がみトレーニング同様、スタートは飼い主が決めること。そして飼い主の体に触れるようなことがあれば、即座にゲームを中止します。ただし『おしまい』ではじめてタグトーイを口から出すばかりではなくて、ゲームの途中に『ダセ』などのキューで、口から出す練習も繰り返し行うようにします。

## プラス転換トレーニング

### 「引っ張れ」のキューも教えたい

できれば「引っ張れ」の合図ではじめて犬がタグトーイをかみ、引っ張るようにしたいものです。

### いつも「オスワリ」からスタート

ゲームのはじまりを犬に教えるためにも、必ず「オスワリ」からスタートをするようにします。

### 人の体に触れたらゲームオーバー

勢いあまって体にふれてしまったらゲーム終了です。もちろん歯が体にふれてもいけません。かんでいいのはオモチャだけです。

ゲームの終わりは必ず「オシマイ」です。「ダセ」の場合にはおもちゃを口から出した後にゲームが再開することもありますが、「オシマイ」では、再開をしてはいけません。その区別を犬に学習させることが重要です。

# 『逆条件付け』という方法

問題行動を解決する方法として、しばしば『逆条件付け』という方法が紹介されます。訓練学校でも「では、逆条件付けにしましょう」と軽く言ってくる訓練士がいるのですが、この言葉を知らないとまるでちんぷんかんぷんです。

しかし、そんなにむずかしい方法ではなくて、あるいはみなさんもふだん使っている方法かもしれません。

ある問題行動を起こしたときに、その行動とはまったく別の行動、つまり飼い主にとって好ましい行動を条件付けるわけです。つまり逆の条件付けということになります。たとえば、見知らぬお客さんがやってきてかみつこうとしたら、オスワリをかけてごほうびをあげます。お客さんがくるたびオスワリをしてごほうびをもらえるとなったら、犬たちは逆にお客さんが来るのが楽しくなってしまうかもしれません。イヤなことと拮抗する条件付けをすることから、拮抗条件付けと言われることもあります。

プラス転換トレーニング

# 『逆条件付け』でやってみよう

食事のときは、食事そのものがごほうびになります。みなさんが食事前にやっている「マテ」のしつけをそのまま逆条件付けに利用することができます。

お客さんがやってきたら、しっかりとオスワリをさせてごほうびをあげます。
お客さんにごほうびをあげてもらっても効果があります。

自動車やバイクなどに対して追いかけたり、吠えつこうとする場合にも、オスワリをさせます。もちろん走り出す前にオスワリをさせることが重要です。

他の犬に攻撃をしかけそうなときには、その素振りを見せた瞬間にオスワリをさせて落ち着かせます。オスワリがマスターできていればそれで問題は解決してしまいます。

# 学習の理論を知ろう

オスワリをしたらごほうびをもらえた犬たちは、またごほうびがもらいたくて何度もオスワリを繰り返します。よく目にする光景ですが、この行動は犬たちが『オスワリをしたらごほうびをもらえた』と学習をしたから行なっているわけです。

このように犬たちはつぎつぎに行動を学習していきます。これを利用して私たちは犬たちをしつけていくわけです。

その行動にはパターンがあって、このパターンを間違って使ってしまうと、良い行いをしたら学習するのと同じように、悪い行いを学習していってしまいます。

犬たちには「ボクは悪いことをしているんだ」という自覚はありません。そのように学習してしまっているだけで、その責任の大半は飼い主にあるといっても過言ではありません。

これは４つの学習理論といわれるもので、左下の表のようにあらわされます。この表にある『刺激』はいろいろな物が考えられるのですが、とりあえず『ごほうび』をあてはめると、より理解がしやすくなります。『行動』とは、引っ張りだったり、無駄吠えであったり、かみつきももちろん入ります。つまり、表の『正の強化』が、『オスワリをしたらごほうびをもらえた』になるわけです。オスワリという行動をしたら、ごほうびという刺激をもらえたので、どんどんオスワリという行動が増えていくわけです。

## 弱化と強化

| | 以降、その行動が 増えていく | 以降、その行動が 減っていく |
|---|---|---|
| 行動によって、結果である刺激が出現する | 正の強化 | 正の弱化 |
| 行動によって結果である刺激が消失する | 負の強化 | 負の弱化 |

# その行動を減らしたいのですか？

出して、出して、
出してってば

もう、
うるさいわね

表に出たい犬が扉の前でワンワン、キャンキャン。挙句の果ては扉をガリガリと引っ掻く犬もいます。扉を傷つけられてはたまらないので、開けてしまうことはありませんか。結構、よく見かけるシーンです。

さて、この行動は右ページの表のどこに入るのでしょうか。

正解は『正の強化』です。

扉をガリガリと引っ掻く、という行動に対して、扉が開くというごほうびがもらえました。その結果、出してもらいたくて、どんどんと扉を引っ掻くことになるわけです。つまりあなたの『扉を開ける』という行動が、その後のとんでもない結果を招くことになってしまうわけです。

では、どうすればいいのでしょうか。それは扉を絶対に開けないことです。

扉を引っ掻くという行動をしたら、ごほうびという刺激がなかった、その結果引っ掻くという行動が減っていきます。これは『負の弱化』にあたります。ただしみなさんご存知のようにごほうびがなかったからといって、引っ掻くのがすぐに止まるわけではありません。少しは扉が傷つくことを覚悟しなければなりません。「新築なんだから、そういうわけにはいかない」という人は、その場でしっかりと怒らなければなりません。この時の刺激は『怒る』です。怒ることによって、引っ掻く行動が減っていきますので、これは『正の弱化』です。

怒ることに抵抗があるならば『無視』をするしかありません。犬には何の刺激もありません。引っ掻く行動によって刺激が消失し、引っ掻かなくなるわけです。つまりこれも『負の弱化』ということになります。

# 引っ張ると、お父さんがついてきます

散歩のような日常の行動も、この理論を利用するととても簡単にできるようになります。上手な散歩とは飼い主の横にぴったりとついて歩くことです。であれば、ぴったりと横についたときにごほうびをあげればいいわけです。『正の強化』です。

訓練所などでよく行われているのは、好きな方向に犬が行こうとしたら、ピタッと止まって、犬に好きなことをさせない、というものです。これは引っ張ったら、好きな方に行けなくなってしまうので『負の弱化』ということになります。ちなみにチョーク・カラーやチェーン・カラーをつけている場合には、犬が引っ張ったことによって、飼い主が首輪から刺激を与えます。引っ張るという行動に対して『痛い』という刺激が出現しますので、犬は引っ張るのをやめます。この場合は『正の弱化』になるわけです。

同じ刺激でもごほうびもあれば、『痛い』のような体罰もあるわけですが、このように好きな刺激を快刺激、体罰のような犬にとって心地よくない刺激を嫌悪刺激といいます。

118ページの表でもわかるように嫌悪刺激でも、犬たちを思う方向にしつけていくことはできるのですが、嫌悪刺激は与えすぎると他の問題を引き起こすことがあります。それならば時間がかかっても『正の強化』でしつけをして行こう、というのが、『ほめるしつけ（陽性強化）』なのですが、厳密にいえば行動理論の『正の強化』と『ほめるしつけ』は違うものです。それは行動理論では、刺激は『ほめる』だけではないからです。

ちなみにごほうびをあげすぎるのはいかがなものか、という意見もありますが、このトレーニングに使うごほうびはごく少量にします。

# 名前を変えるしかない？

きょうちゃん、
おいで

はい、はい。
何でしょう

ゲッ！

とてもよくありがちなのが、名前を呼んで、犬たちのイヤなことをしてしまうこと。名前を呼ばれたので喜んで走って行ったら、大嫌いなブラッシングという刺激が待っていたとします。その結果、走って行ってもいつも嫌いな刺激があるので、名前を呼ばれても飼い主の所に行くという行動をしなくなってしまうのです。これは『正の弱化』になります。怒るときに名前を呼びつけるのも厳禁です。なぜなら「きょうちゃん、ダメ!!」という怒り方は、名前＝嫌悪刺激になってしまいかねないからです。

こんな毎日が続いていれば、『名前を呼ばれたらイヤなことがある』と、インプットされてしまうので、名前を呼んでもやってこない犬になってしまいます。呼び戻しがきかない犬は、えてしてこのケースが多いのです。

この解決方法といえば116ページに紹介をしている逆条件付けなどがありますが、手っ取り早いのは、名前を変えることでしょうか（笑）。

名前を呼ばれても、
もう絶対に行かない!!

CASE STUDY

# 行動理論がよくわからないのです。なぜ、悪いことをしたのに怒ってはいけないのでしょうか。

行動理論がわかると、犬のしつけが格段に上手になるとよく耳にします。

しつけ教室や、みなさんのブログなどでも紹介されているので、かなり意識的に見るようにはしているのですけれど、どうしても理解できません。何だかとてもむずかしい理論のような気がしますけれど、どうしてみなさんわかるのでしょうか。

この理論だと、いいことをしたらほめる、ということが基本になるわけですが、たとえばいけないことをした場合でも、その状況によっては怒ってはいけない、ということですよね。

でも人間もそうだと思うのですが、悪いことをしたときに怒らなければ、その行動が『悪い』と、気がつかないと思います。また、もちろんきつく叩くのは問題ですが、首をつかむ、といった方法で、ある程度身体を使って教えるのも方法としては、ありだと思います。

『いいことをしたらほめる』は、もちろん当然なのですが、『悪いことはだめ』も教える必要はありませんか？ そのあたりもよく理解ができないところです。

**『働けば働くほど、給料があがった。だからどんどん働く』という、行動理論なのです。**

まず最初に、120ページで紹介をしているように、行動理論と『ほめるしつけ』を 混同していないでしょうか。このふたつが一緒になってしまっている人は結構い

# ANSWER

るのですが、混同をしてしまうと、行動理論を理解するのは、むずかしくなってしまいます。

なぜかといえば、行動理論では『犬を怒ってはいけない』的なことは何もいってはいないからです。いっているのは、その行動を増やすにはどうしたらいいか、減らすにはどうしたらいいかで、そのために『刺激』を与えればいいのか、与えない方がいいのかを科学的に分類をしているだけなのです。これを理解していると、正しく犬のしつけができるようになるので、『しつけの失敗』が起こりづらい、ということなのです。

この行動の理論はほとんどの動物にあてはまるもので、もちろん人間にもあてはまります。

働けば働くほど、給料があがれば、多くの人はどんどんと働くようになります。これが『正の強化』というわけです。

人間だってごほうびが出れば、どんどんとやる気がでてきます。クリッカー・トレーニングの創始者、カレン・プライヤーはこの論理で企業のコンサルティングなどもやっていますが、『銀行のカウンターに美女を並べたら、男性契約者が圧倒的に増えた』という体験を持っています。美女というごほうびにまいってしまう男性は、トリーツにまいってしまう犬よりも圧倒的に多いかもしれません。『預金しないとあなたのおこづかいを減らすわよ』と、奥さんに怒られるよりも、ご主人も気持ちよく貯金ができるでしょう。また、美女に会うためにちょくちょくと銀行に行くかもしれません。このように考えると、犬のしつけも楽しくなりませんか?

行動理論でももちろん、『怒る』という刺激を使ってもいいわけです。しかし怒らないでも、その行動を減らす方法が理論の中にはあります。怒られない方が心地よいのは犬も同じです。その後の問題行動も減っていくわけです。

# 不安を減らす練習

犬はどんな状況だとかみついてしまうのかについては、第一章で紹介しています。また、その対処の方法も紹介をしていますが、では、毎日の生活ではどんなしつけをしておけばいいのでしょうか。

これも何度も語られていますが、かみつきは不安な心理からスタートをしていることを再認識しましょう。

たとえば多頭飼いのときなど、一緒に食事をさせていると、どうしても力の強い犬が多く食べ物を取ってしまいます。弱い犬はいつ取られるか、心配をしながら食事をしています。その結果、食事中に誰かが手を出すとガブッとやってしまうことになります。

この状況は力のある犬、つまり不安を感じていない犬でも起こることがあります。それは自分の食事をとられたくない犬です。そこにライバルの犬がいなくても、それが飼い主の手であったとしても、自分の獲物を狙う敵に対しては攻撃的になってしまいます。

# 安心して食事をさせるには

自信づけトレーニング

## 体をさわってみましょう

不安感を抱きながら食事をしている犬は、食事中に何をされてもイヤがるものですが、もっとも不安感の少ない、体をさわってみるところからスタートします。そっと犬が気がつくかつかないか程度のやさしさで犬のボディにタッチします。

## おいしいオヤツで気を引きます

フードよりおいしいオヤツを用意して、犬の気を引いてみましょう。自分の食事を取られれば、その犬にとっては一大事なのですが、よりおいしいオヤツがやってくるのであれば、他人の手が目の前に来ても大丈夫になってきます。

## フードボウルの中においしいおやつを

食事中のフードボウルはもっとも危険地帯です。犬にとっては何者の侵入も許したくないところです。しかし、フードよりもっとおいしいオヤツならどうでしょう。徐々にボウルに何かが侵入をしてきても気にならなくなります。

# 『トリマー泣かせ』は返上

飼い主の知らないところで起こっているのが、美容室でのプチ咬傷事故。トリマーのみなさんは対処方法を心得ているので大事故にはなりませんし、よほどのケガをしない限り、「今日、オタクのワンちゃんにかまれましたよ」とは言わないものです。そのせいか、トリミングの度にトリマーにかみついているのにもかかわらず「ウチの子は1回もかんだことがないのよ」と、根拠のない自信を持っている飼い主も少なくありません。その犬の生涯を考えた場合、飼い主に報告をした方がいいようにも思えます。

それはさておき、自宅でのグルーミングが厄介なために、爪切りも美容室まかせにする飼い主は年々増えています。無理やり犬たちにイヤな思いをさせて自分でやろうとするよりも、もちろんプロの方に任せた方がいいケースがほとんどなのですが、トリマーさんたちにウチの子がきらわれないように、自宅で自信づけトレーニングをするようにしましょう。

自信づけトレーニング

# 自宅でのグルーミングもOK

## 耳

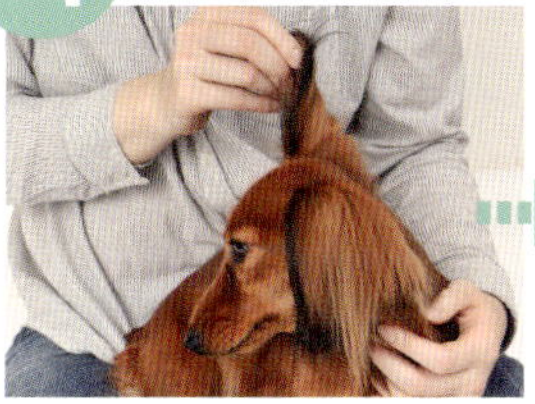
耳をつかんでみましょう。

イヤがる前にごほうびを。

今度は耳の内側をさわります。

## 口

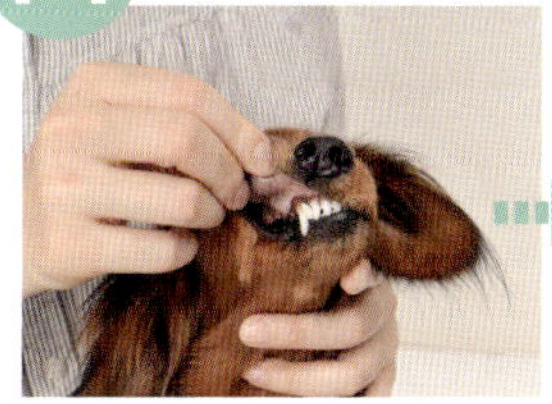
くちびるをめくりあげます。

ほめてあげるのもおすすめ。

慣れてきたら歯ブラシを。

## 爪

爪をつかんで、ごほうび。

爪切りやヤスリなどを犬に見せます。

そして、ごほうび。

# 誰につかまれても平気

知らない人が近寄ってきて、突然抱き上げようとしたら、自信のない犬にとってこれ以上の不安はありません。とはいっても知らない人が抱き上げようとする場合にはそれなりの事情があります。ひとつは勝手に連れて行こうとするケース。これは泥棒ですので、犬たちが不安に思ってかみつこうとするのは、正しい行動といえます。むしろ黙って抱かれてしまう方が問題なのですが、これも仕方のないことなのかもしれません。

そしてもうひとつは、事故が起こった、あるいは飼い主にたのまれた、病院での保定といった、理由があって抱き上げなければならないケースです。こんな状況で攻撃行動をとられては、みんなが困ってしまいます。ふだんの生活から、誰にさわられてもいい犬になるためのトレーニングをしておきましょう。このトレーニングも自信をつけるためのものですので、さまざまな行動に効果が出てくることでしょう。

自信づけトレーニング

# 誰が近寄ってきても大丈夫

このトレーニングは犬の知らない人に手伝ってもらって行います。まず、片手でオヤツを与えながら、もう一方の手で犬を撫でるようにします。

同じように、今度は首輪をつかんでみましょう。犬を引っ張るように強くつかんで構いません。ただしオヤツは忘れずに。

いよいよ本番です。犬を軽く抱き上げるようにします。逃げ出そうともがく犬がほとんどだと思いますが、この段階ではきつく抱きません。

抱いたままの姿勢でオヤツをあげるようにします。放してからあげると、『この人から離れたらオヤツがもらえる』という間違った行動になります。

今度は犬を呼び寄せて抱くようにします。無理やり抱くのではなく、犬が自分の意思で抱かれるように導いていくことがポイントとなります。

そばにやってきたら、軽く抱き上げるようにします。もちろんごほうびをあげることを忘れてはいけません。

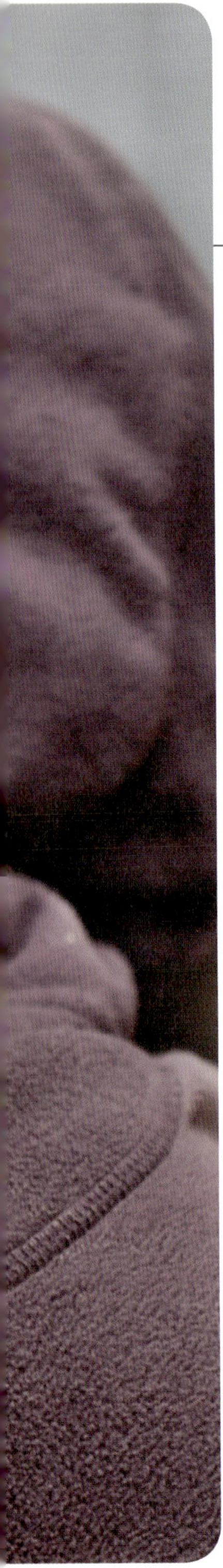

COLUMN

# 抱かれ上手な犬にする方法

縁があってわが家にやってきた犬ですから、ときにはしっかりと抱きしめたいものです。ところが、なぜか抱かれることをイヤがる犬がいます。

これもやはり抱きしめられたときに不快な体験をしてしまったことが原因になっていることがあるようです。

「抱きしめられるのが不快？」と思われる方もいらっしゃることでしょう。しかし犬の立場になって考えると、ギュッと抱きしめられたのが、飼い主からの愛情表現と理解できないこともあります。抱きしめられるのは犬にとって拘束である場合も多いからです。

ほとんどの場合、拘束に近い抱きしめ方をするのは子供たちで、中には抱きしめているのか皮膚を引っ張っているのか、区別がつかないようなにぎりしめ方をしている光景をしばしば見かけます。これでは犬にとっては苦痛以外のなにものでもありません。こんなトラウマから解放してあげる方法は、とにかく慣らせること。ふだんの遊びに強く抱きしめる、皮膚を引っ張るといったメニューをくわえてみましょう。もちろん遊び終わったら、ごほうびをあげることを忘れずに。

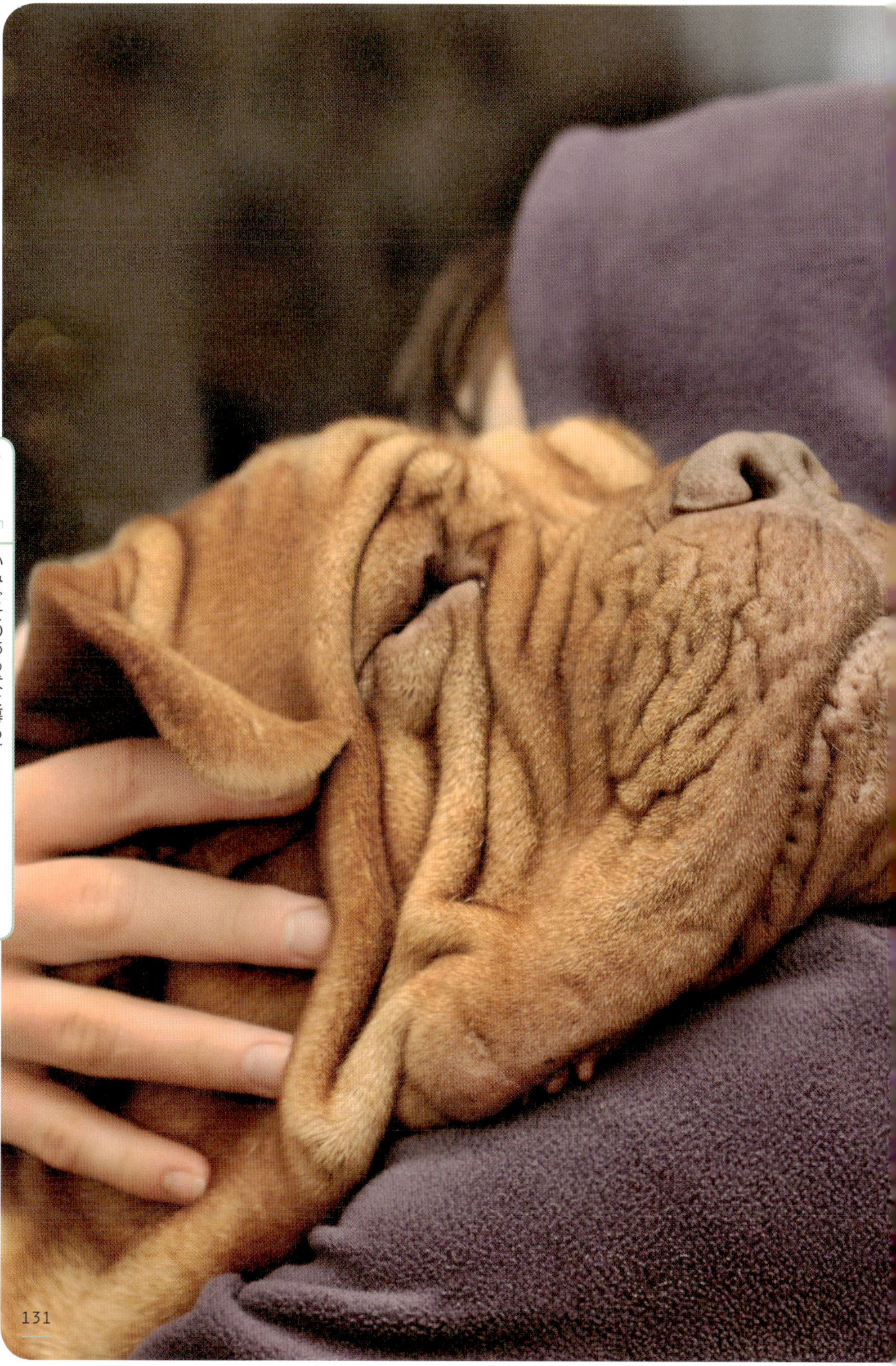

## カーミングシグナル

## ボディランゲージとは

CHAPTER 6

TRYING TO UNDERSTAND THE BODY LANGUAGE

# ボディランゲージを理解しよう

犬たちは、とつぜんかみつくわけではありません。
その前に「不安だよ」「怖いよ」といった
サインを出していることが多くあります。
このサインを飼い主のみなさんが
理解することができたなら、かみつくことを
避けることができるのかもしれません。

かみつきの
ボディランゲージを知ろう

CASE STUDY

# 唸ったら突然かみつかれました。どういうことなのでしょうか。

私の愛犬は1歳のチワワで、名前は花子です。先日、とても恐ろしい体験をしました。

はじめてドッグランに連れていったときのことです。たくさんの犬を見るのははじめてのことだったので、今から考えてみると、最初からドッグランに入るのはイヤだったようです。犬の行動について勉強不足だった私は、中に入れば多少の不安はあっても、他の犬たちと仲良くやれると思っていたのです。

私と一緒にドッグランに入った花子ですが、やはりすぐに走り出すことはなく、私のそばをウロウロしていました。そこへ1頭のコーギーが近寄ってきて、花子のお尻の臭いを嗅ごうとしたのです。花子の後方に回って、イヤがる花子のお尻に鼻をすりつけはじめたのです。

この行動が花子はイヤだったのか驚いてしまったのか、コーギーに向かって唸りはじめたのです。これまで唸ったことはなかったので、私としてもかなりの驚きでした。

とにかく何とかしなくちゃ、と思う間もなく、次の瞬間にはそのコーギーに花子はかみつかれていました。私は慌てて花子を抱き上げようとしたのですが、コーギーはその私の手にもかみついてきました。

コーギーの飼い主さんも驚いたようで、「やめなさい!」と、大声で叫んでいましたが、コーギーはひるむことなく攻撃をしてきたのです。花子はもちろんのこと、私も病院に行って治療をすることになってしまいました。今でもあの時のことを思い出すと震えが止まりません。

ANSWER

# まずは犬ともだちを作ること それが一番だと思います。

最近はドッグランでのこのようなケースがとても増えてきています。一度このような体験をすると、犬も飼い主もドッグランに行くことが怖くなってしまうようで、日本全国でドッグランが増えていく一方で、行かない人も増えているのが現実です。この章でも語っているように、犬は元来が友好的な動物なので理由もなく相手を攻撃することはあまりないのですが、この『理由もなく』というところがクセモノで、『理由』に気がつかない飼い主が多いことと、実は犬自身もその理由に気がついていないのが現実です。海外の訓練士は日本の犬たちを見て『言葉』が少ない、という印象を持つようです。日本の犬たちはどんどんと無口になっているようなのです。

さて一般論でこのケースを分析すると、まず花子ちゃんはドッグランに入るのをイヤがっているのに無理やり入れられてしまいました。さらに不安で仕方ない精神状況のときに、テンションの高い犬に臭いかぎをされたことから、不安はMAXに達してしまったのです。

その結果コーギーに唸ったのですが、コーギーにしてみれば、花子ちゃんから攻撃を受けたと思ってしまったわけです。そこへお母さんが「やめなさい!!」という声を出しました。この状況での大声は「がんばりなさい!!」と受けとめてしまうことがあります。コーギーにしてみればお母さんも応援してくれている、ということになるのです。

双方の飼い主が犬たちのボディランゲージについて勘違いをしていたことが、この事故の原因といえます。

# 犬の言葉。ボディランゲージ

犬が会話をするというと、ついつい上の写真のフキダシのような光景を思い浮かべてしまいますが、こんな会話はしていません。では言葉は発していないのかというと、それも間違いです。『ボディ・ランゲージ』という、体による言葉を出しています。体で気持ちを表現しているのは犬ばかりではありません。人間もついつい体で表現しています。『ついつい』というのは、隠そうとしても、どうしても出てきてしまう言葉だからです。サスペンス好きの人ならば、最近はこういったボディ・ランゲージを犯罪捜査に用いるようになったことをご存知かもしれません。それだけ本音が出る言葉なのです。犬たちもその言葉を発しています。読み取れるか、読み取れないかは、その犬とつきあう上でとても重要なのです。

# 犬の気持ちは全身から読み取ります

## 耳

何か異常を感じるときには、耳をピクッと立てて、前方を向きます。警戒から威嚇の状態になると、耳は前方に傾いていきます。逆に不安や恐怖を感じているときには、後方に倒れます。

## ボディの位置

相手に対して強い立場のときには、ボディは高い位置にあります。相手を脅威に感じたり、相手に対して不安感を抱いているときには、ボディの位置は低くなります。

## 鳴き声

犬は意外にも、鳴き声でさまざまな気持ちを表現しています。その種類は動物の中ではもっとも多いといわれています。怒りの唸り声から、甘えるクンクンまで、犬種によって高さやピッチが違いますので、自分の犬の鳴き声を観察しておくといいでしょう。

## しっぽ

『うれしいときは振っている』というのが一般的ですが、どの高さで振っているか、どんな振り方をしているかで、気持ちが大きく違います。高い位置で振っているときは喜んでいることが多いのですが、低い位置で振っているときは、戸惑いであることが多く、戸惑いは不安や恐れに移行するケースが多くあります。

## 知っておきたい『しっぽの言葉』

その場の環境に不安を感じると、しっぽは下がってきます。不安がさらに高まると後肢の間にはさみこむような姿勢になります。不安度が最大のときには、お腹にしっぽがつくほど巻き込みます。

その場が楽しいとき、興味のあるときには尻尾は真上に上がります。その場に他の犬がいる場合には、相手に対して優位性をあらわしていることもあります。

何か興味がある物を見るときには、しっぽはぴんと水平になります。この位置で小刻みに揺れている場合には、相手に対して警戒をしていることもあります。

高い位置で大きく振っているときは、その場の雰囲気が楽しいときです。お尻から振っているようなときは、メチャクチャ楽しいときです。

普通の状態。不安も興奮もないときの犬のしっぽはこのようにダラリとさがっています。のんびりとしているときです。

EXPRESSION OF LANGUAGE TO ATTACK

# 攻撃までの表情ランゲージ

1

不安から相手に敵意を抱くようになると、体の動きが止まり、相手をジッと見据える態勢をとります。

2

唸りはじめます。歯をむくようになり、犬種によっては唸りながら、口から泡を吹く犬もいます。

3

唇がめくりあがり、歯が前に飛び出したかのような激しい唸りになります。耳は後方にかなり倒れます。

4

とびかかる寸前です。耳や顔つきだけでなく、体全体が飛びつく直前の姿勢になっています。

不安な相手に対して、かみつくまでの表情を撮影したのが右ページの写真です。犬たちはどんなに相性の合わない犬がいたとしても、何の前触れもなく突然かみつくことはほとんどありません。多くの場合、相手が回避しないで何らかの行動をとろうとしたときに、右のように表情が変化をしていきます。この流れが飼い主にはわからないこともあるのですが、唸るなどの前兆が見られたら、その場から離れるなどの対処で避けることは充分にできます。そのためには、このランゲージを知っておく必要があります。ちなみに左の写真はこの犬の平常時です。最初のシーンで耳の角度がまったく異なっているのがわかります。

## 怖がり犬のパターン

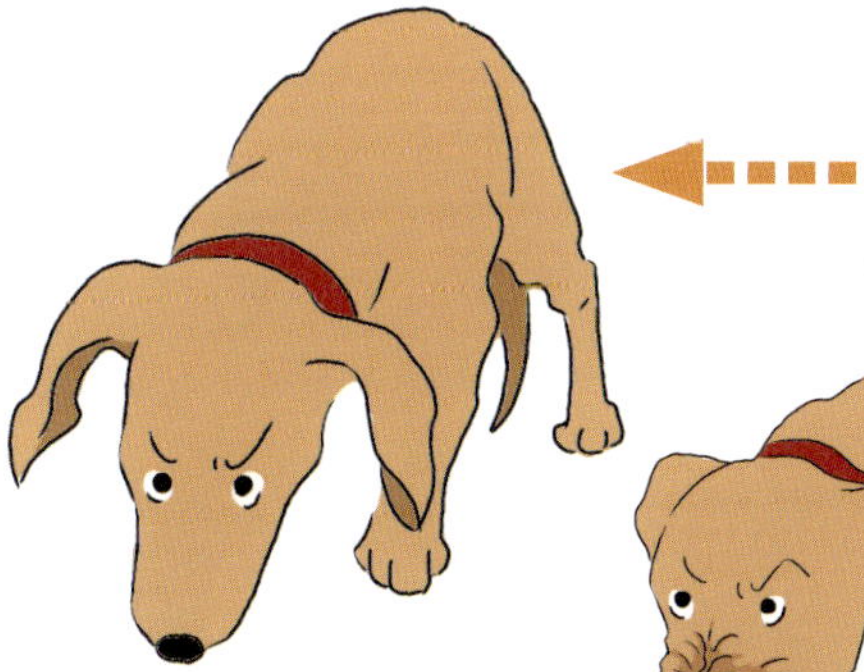

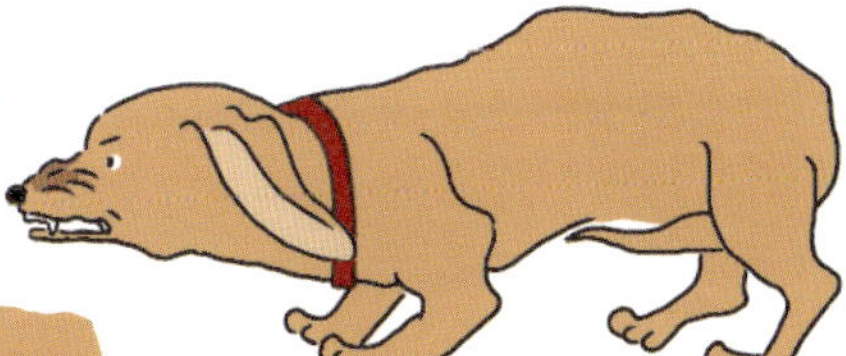

怖がる犬の場合には、姿勢が低くなって、しっぽが後肢の間に巻き込まれます。ただし表情は左のイラストのように攻撃と似ていますので、こちらが襲うようにも見えてしまいます。

攻撃をするのか、されるのか、決定的な違いは体の高さなのですが、もちろん怖がり犬から、かみつきに至る場合もあります。この場合の犬は自分を守るために必死になっています。

### ふだんの状況を知っておこう

では、どのぐらいしっぽを巻き込んでいたら危険なのでしょうか。という質問があります。もちろん犬種やその犬によって異なります。「これくらいなら大丈夫だろう」ではなくて、ふだんの犬たちのしっぽの状況を知っておくことが大切です。巻き込んでいてもあまり怖がっていない、かなりの知能犯もいます。

COLUMN

# 『ヤッピー・パピー症候群』って、どんな問題行動

『犬は元来平和主義者である』とは、犬の専門書籍で見られる、犬の性格について書かれているくだりです。飼い主のみなさんは、この文章を拡大解釈をしてしまう傾向にあって、よほどのことがない限り、犬たちは自分の方から喧嘩を売っていくことはないように考えてしまいがちです。

しかし最近は犬同士の喧嘩が増えているような傾向が見られます。相手をかみ倒すような大きな喧嘩ではないので、ヘッドラインのようなニュースにはならないのですが、小さな咬傷事故はネット上で日々飛び交っています。こういった傾向について、さまざまな研究が行われ、犬たちの新しい行動についても論評がされています。

科学ジャーナリストのS・ブディアンスキー氏によれば「犬の行動治療学会には犬の行動症候群名があふれかえっている」のだそうで、難しい名前をつけることで患者を黙らせる意味もある、と毒舌もふるっています。ちなみに一人っ子犬で問題となっている『ヤッピー・パピー症候群』は、ブディアンスキー氏のネーミングのようですが、調べてみる価値のある症候群です。

# 「おちつこうよ」のランゲージ
# カーミングシグナル

プロの訓練士をはじめ、飼い主のみなさんたちが利用しているボディランゲージが『カーミングシグナル』です。このボディランゲージはノルウェーの訓練士によって発見されました。

欧米ではオオカミの研究が積極的に行われていますが、オオカミたちは他のオオカミとの争いを避けるために、『カットオフシグナル』というボディランゲージを出します。このランゲージをベースに多くの犬たちを研究した結果、発見されたランゲージなのです。

カーミング、つまり「おちつきなさい」というランゲージなのですが、この「おちつきなさい」は自分の気持ちをおちつけるときにも、そして相手の気持ちをおちつけるときにも出します。相手の気持ちをおちつけるということは、「安心してください。あなたの脅威にはなりませんよ」といっているわけです。つまりカーミングシグナルは他の犬や人間たちとの争いを避ける言葉なのです。

## お母さんが出す カーミングシグナル

おちついてねって
言ってるんだよね

おちつこうよ

眠いときもあくびをしますので。
状況判断をしなければなりません。

## 会話を返してみる

では実際にカーミングシグナルをどのように使えばいいのでしょうか。これにはいくつかのパターンがあります。

ひとつめは『会話をしてみる』方法です。カーミングシグナルのいくつかは、人間にもできるボディランゲージです。人間が同じシグナルを犬に出してみることによって「落ちつこうよ」と、いうことができるのです。135ページで紹介をした、間違って応援をしてしまった飼い主の例は、このカーミングシグナルの逆だったわけです。アジリティの試合中に、あまりにオーバーアクションの飼い主を見て、犬が座ってしまった、といった例もあります。これは「お母さん、落ちついてよ」という犬からのカーミングシグナルでした。

## 頻繁に会話をしましょう

もうひとつは、愛犬がカーミングシグナルを出したら、その場の環境を変えてあげる方法です。優れた訓練士のみなさんはこのタイミングが非常にうまいのです。

人間もお母さんが返事をしなければ、子供が話しかけてこないように、犬たちもカーミングシグナルに対して返事がないと、会話をしなくなってしまいます。「どうせ、お母さんはわかってくれないんだ」といったところです。

ねえ、
遊んでよ

## ■ 不安だよ

### 目を細める

相手を見ていないかのように、目を細めます。人間も目を細めることで、「大丈夫だよ」と、言葉を返すことができます。

### 鼻をなめる

しきりに鼻をなめます。ただしカーミングシグナルだけでなく鼻を湿らせて臭いの情報を収集しようとしている、という説もあります。

### 首筋の後ろをかく

首の後ろを後肢でかきます。新体操の選手ででもなければできないカーミングシグナルです。

### 地面の臭いをかぐ

必死で地面の臭いをかいで、自分の気持ちを落ちつかせようとしています。

### 体を震わせる

体をブルブルと震わせます。濡れている体を乾かすのと同じ動作ですが濡れていないときはカーミングシグナルです。

## ■ 敵意はないよ

### おしっこをする

おしっこをすることで、自分の緊張感をときほぐしています。と同時に相手に敵意がないことを表しています。

### 体を伸ばす

『遊んで』と同じ、上半身を低くする姿勢です。この姿勢で相手を落ち着かせます。

### カーブを描く

直進ではなくて、カーブをしながら相手に近づきます。私たちが真っ直ぐ犬に近寄ってはいけないのも同じ理由です。

## ■ 落ちつこうよ

### あくび

緊張感のないことを相手に伝えています。ただし眠くてあくびをすることもありますので、状況判断も必要です。

### ポイントをする

前肢の片足をあげるいわゆる『ポイント』の姿勢も、相手の気持ちを沈めようとするときにも出てくるランゲージです。

### 顔をそらす

じっと見ることは相手の不安を高めます。これに対して顔をそらすことで、不安をかき消そうとしているわけです。

# ベーシックトレーニングは伊達じゃない！

CHAPTER 7

基本トレーニングと聞けば、
「もうできるし…」
「続けてやるの面倒くさいです」など、
一度できてしまうとやる気にならない人が多い様子。
でも、かみつきのトラブルを直すためには、
基本トレーニングは必須なのです。

- かみつきとベーシックトレーニングは強くつながっている
- ベーシックトレーニング
- ハウスを効率よく使おう！
- トレーニングを効率よく持続しよう！

BASIC TRAINING

IMPORTANCE OF

# かみつきと ベーシックトレーニングは 強くつながってる

オスワリ・フセ・マテ・オイデ・ツイテ…これらをひっくるめて、ベーシックトレーニングと一般的に呼ばれています。5つのベーシックトレーニングは、ほとんどの犬ができていて、飼いはじめた頃からまずオスワリを教える飼い主さんがほとんどでしょう。しかし、愛犬が成長して1歳を超えた辺りから、これらのベーシックトレーニングをちゃんと行う機会が減っていきます。

「そういえば最初の頃は熱心に教えていたはずなのに、成長した今はあまりやっていないなー…」

そんな風に思う飼い主さんも少なくないのではないでしょうか？　実はこれ、とてももったいないことなんです。ベーシックトレーニングはある意味一発芸。でも、トレーニングやしつけの面で

いつの間にかまじめに取り組むことの少なくなったトレーニング。愛犬を迎え入れたときにはあんなに熱心だったはずなのに…
Fuse
Uh〜〜！

見ると、飼い主と犬との関係性をより深めるためにとても大切なものなのです。そんなの今さら…と思う人も少なくないでしょう。でも知っていますか？　どんなプロのドッグトレーナーも、どんなしつけインストラクターも、犬をトレーニングするときは必ずベーシックトレーニングを行っています。この本を手にとってくれた方のほとんどはきっと、かみついてしまう愛犬と暮らしているはずです。かみついてしまう犬をしつけるために、ベーシックトレーニングは必須といえます。

　そして、ベーシックトレーニングは一度できてしまうと、その後に改めて練習することがなくなっていきます。ごはんのときのオスワリとマテ、写真を撮るときのフセとマテ、家で呼ぶときのオ

かみつく犬をしつけるには、ケース別の問題解消方法と併せてベーシックトレーニングをする必要があります。ケース別の方法がまったく通じない場合、犬との関係性を見なおしてみましょう。やるの面倒くさいといわず、1ヵ月でもいいのでまず続けてください。必ず効果が出てきます。

イデ…など、再び実行するシチュエーションはほとんど限られてしまいます。そのときにできなくても、犬にとっては「？」という状態。だってふだんはあまり練習しないのですから…。

ふだんの生活で、トレーニングをする時間以外にもいろいろな合間を見つけてトレーニングしてみてください。例えば散歩の途中。広い公園があればそこでトレーニングをしてみましょう。オモチャやオヤツなどのごほうびを持参すれば、どこでもトレーニングできちゃいます。横断歩道で待つときでもいいでしょう。信号が赤になったら座らせてマテ、青になったらヨシで歩きはじめます。毎日の些細な事かもしれませんが、それだけでも犬の気持ちは変わってきます。

犬とより深い関係を築くために、飼い主の指示を快く受け入れてくれるようになるために、ぜひベーシックトレーニングを続けてください。

# オスワリ やってみよう

command

**1**

オスワリを教えるときはまずリードをつけます。犬と対面して準備完了。

**2**

今回はオヤツをごほうびとして使います。ごほうびを犬に見せて集中させます。

**3**

オヤツに集中している状態で、ごほうびを持った手を鼻先から頭上にゆっくりと移動させます。

**4**

鼻先が上を向くことで、腰が自然と落ちます。腰が落ちると、自然とオスワリの状態になります。

**5**

オスワリの姿勢に慣れたら、その状態でごほうびをあげてほめます。ほめるタイミングを間違えないように。

## ごほうびはオヤツかオモチャか

ごほうびをなににしようかと考える人が多いですが、ごほうびは愛犬が好きならばなんでも大丈夫です。ただ、どちらでもいいですがオモチャで遊ぶのが好きな犬にはオモチャ、オヤツにしか反応しないならオヤツでトレーニングするといいでしょう。ときには使い分けも大切です。

# フセ やってみよう

command

1

フセを最初に教えるときはオスワリの状態から入ります。ごほうびで犬を集中させましょう。

2

ごほうびを持った手を犬の視線よりも下にずらしていきます。決して無理矢理行わないように。

3

少しずつごほうびを犬の足元から体の内側にズラしていきます。立ち上がってしまったらやり直し。

4

フセの状態になるまでまで、ごほうびをかじらせながら行ってもOK。

5

フセの姿勢になったらごほうびをあげます。立ってしまったりしたらごほうびをあげないでやり直し。

## オヤツのごほうびをうまく使おう

トレーニングをするときは、オヤツの場合は小さく切っておきましょう。犬はごほうびのサイズをまったく意識していません。小さくても大きくても、犬にとっては最高のごほうびになります。なので、あからじめハサミなどで小さくカット。ひとつのオヤツを何回かのごほうびにわけられるし、犬はそれで充分に満足します。

**1**

どんな姿勢でもいいので、しっかりと「マテ」と指示します。そのまま後ろへ数歩下がります。

**2**

最初は５歩ほどでOK。その状態で２～５秒ほど動かないように指示。動いてしまったらやり直し。

**3**

待つことができたら、犬の目の前に戻ります。足元に行く最中も動かないようにフォローします。

**4**

なるべく近い状態でほめます。最初にマテをさせた姿勢から動いてしまったらやり直しです。

## いろんなところでできるように！

ベーシックトレーニングは、自宅内でのトレーニングが基本になると思います。しかし、たまには散歩の途中の公園で、横断歩道で、広い場所に出たら…など、いろいろなところでもできるようにしましょう。マテの場合はロングリードを使い、さまざまなシチュエーションでできると◎。

# オイデ やってみよう

command

1

オイデの前にマテをさせます。姿勢はなんでもいいので、そのまま後ろへ下がります。リードをつけましょう。

2

マテを指示したまま下がって、そこでオイデとコマンドを出します。動かなかったらオヤツで誘導。

3

ごほうびを見せながら飼い主自身も後ろへ下がります。この間、オイデオイデとコマンドを出し続けます。

4

適当な場所で止まり、足元まできたところでごほうびをあげます。足元以外でごほうびをあげないようにしましょう。

## ごほうびとしてのオモチャ

オモチャをごほうびにする場合は、その姿勢とその場でオモチャを与えることによって、"これができればオモチャで遊べる！"という印象を強くしていきましょう。オモチャは、犬のモチベーションをコントロールしやすいので、飼い主が犬の気持ちをうまく盛り上げてください。

# ツイテ やってみよう

command

1

リードとごほうびを使ってうまく犬を左側へつけます。ここで一度ごほうびをあげます。

2

ごほうびでうまく誘導し、そのまま左側を一緒に歩くように教えていきます。

3

ターンするときなどはとくにうまく誘導をしなくてはいけません。ターンできたところでごほうびをあげてもOK。

4

犬の動きが止まってしまいそうになったら、ごほうびをちらつかせて集中させます。

オスワリの途中に立ち上がったらNG！

## ごほうびをあげるタイミング

ごほうびをあげるときは、そのタイミングに注意が必要。例えば、オスワリのときはちゃんとオスワリをしているときにごほうびをあげましょう。もし立ち上がってしまったとき、そこであげるのはNG。もう一度座らせて、座ったままの姿勢でごほうびをあげましょう。

## やってみよう トレーニングを効率よく持続しよう！

ここまでベーシックトレーニングとむずかしくいってはみましたが、あくまでコミュニケーションの向上のために楽しんで行うことが目的です。しかし…いや、だからこそ、どんな訓練士もハンドラーも、これを関係を親密にするために必ず行っています。ベーシックトレーニングを連続させて、リズミカルに行うものなので基本ができれば簡単にこなせるでしょう。

今日の夕方のお散歩から、ちょっとはじめてみませんか？

1

まずはツイテで歩く。アイコンタクトをとりながら歩き、できているときはほめることを忘れずに。

12

愛犬が飛んできたらほめよう。走ってきた愛犬を目の前でオスワリさせることができると◎。

11

離れた位置からオイデで愛犬を呼ぼう。

9

愛犬の前に戻り、フセのままオスワリを指示（愛犬の前肢を足で刺激するといい）。ほめよう。

10

再びオスワリの指示を出し、マテを指示。背中を向けて、現在の限界くらいまで離れてみる。

**2**

オスワリを指示。愛犬の前に立って指示。できたら犬が座った状態のままほめよう。

**3**

オスワリの状態からマテ。低い声で強い口調でしっかり指示。ゆっくりと、2～3歩下がろう。

**4**

動かずにいられたらゆっくり戻る。上手にできたら待っていたことをほめ、ヨシで解除しよう。

**5**

マテができるなら、今度は5歩以上離れれ、少し待ってから戻る。上手にできたことをほめよう。

**6**

愛犬の集中力が切れてしまう前に、遊びで気分転換。遊びも飽きない程度の短時間で切り上げよう。

**7**

対面してオスワリからフセを指示。フセができたら、フセの状態のままでそっとほめよう。

**8**

フセから、そのままマテ。オスワリ→マテと同じように、そのまま数歩ゆっくり下がる。

## ハウスを効率よく使おう！ やってみよう

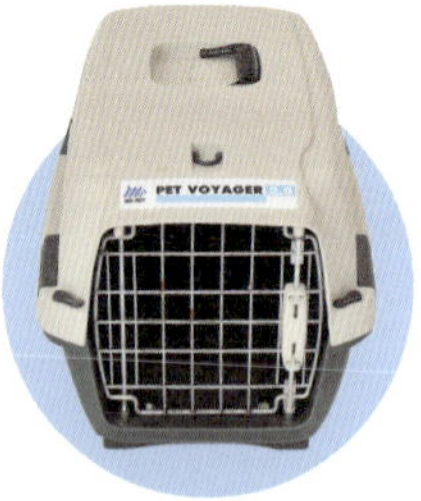

1

ハウスの中に大好きなオヤツを手に持ったまま入れます。ハウスでしか食べられないごちそうを用意すると、ハウスぎらいの犬にも効果的。

2

オヤツに釣られてハウスに入ったら手に持っているオヤツをかじらせて、後ろ足が入るまで待ちます。

かなり堅固な造りなので、落ちたり物が落ちてきても大丈夫。種類も豊富なので、愛犬やインテリアに合ったものを選びましょう。

ハウスなんて狭くてかわいそう…、そう話す飼い主さんも少なくない昨今。しかし、ハウスはとても安全で、いざというときに必ず役に立つものだということをご存

3

完全に入ったら、扉を一度閉めましょう。中にいくつかオヤツを入れておけばスムーズに扉を閉めることができます。

4

扉ごしにオヤツをあげます。このステップによって、扉を閉められることにも慣れます。

5

ハウスから出します。中に入れておく時間は少しずつのばしていきましょう。出したらオヤツをあげながらほめます。

知でしょうか…？

犬は自分の安心できる場所を求めています。その安心できる場所というのが、実はけっこう狭い場所なのです。ハウスはその犬の求める場所としてはぴったり。留守番やふだんの時間をここに入れていなくてはいけないというわけではなく、いざというときの逃げ場として慣れさせておきましょう。

ムダ吠えをする犬の多くが臆病なので、このようなハウスに慣れさせておけば、ひっきりなしに吠えてしまう場合はハウスに入れると落ち着くことも。

また、最近になって不安な災害である地震。万が一の場合、このハウスに入れておけば滞在できる場所が増え、愛犬と共に生活できるかもしれないのです。

# 『オヤツ』から『ほめ言葉』にシフトチェンジ!

また、どんな場所やどんなタイミングでもあげられるように小分けにしていろいろな場所に置きます。

ごほうびのオヤツは、何回も与えることになります。できるだけ小さくして有効活用します。

ごほうびは犬にとって何ごとにもかえがたい『うれしいこと』です。しかし、子犬にとってごほうびはおいしいオヤツが一番でしたが、成長するにしたがってオヤツばかりがごほうびではなくなっていくことがあります。それがごほうびの切り替えの時期の目安となります。

まずは【オヤツ】と【ほめ言葉】をうまく結びつけることからはじめましょう。「いい子」や「グッド」などのほめ言葉をコマンドとしてまず決めておきます。コマンドの直後にオヤツをあげることによって、その行動が100%確実になったら、2回に1回、3回に1回とランダムにオヤツをあげる頻度を変えます。そうすることで、徐々にほめ言葉だけを使い、オヤツをあげないようにして

アクティブな犬は
楽しいお散歩を

# いろいろなごほうび

甘えん坊の犬は
スキンシップを

オモチャも最高の
ごほうびに

いきます。ほめ言葉とオヤツが犬の頭の中で同じことになれば、やがてほめ言葉だけでも犬は大喜びするようになっていきます。ただし、急にオヤツを減らしすぎたり、突然あげなくなったりすると犬が混乱してしまうこともありますので、徐々にオヤツを少なくすることを心がけてください。

また、その犬によって、何がごほうびになるのかは異なります。走り回ることが大好きな犬もいれば、オモチャなどで一緒に遊んであげることがうれしい犬もいます。もちろん成長してもオヤツが大好きな犬もいます。どんなごほうびが愛犬にとって一番うれしいものなのかを探してあげることがもっとも大切であり、飼い主の役目ともいえます。

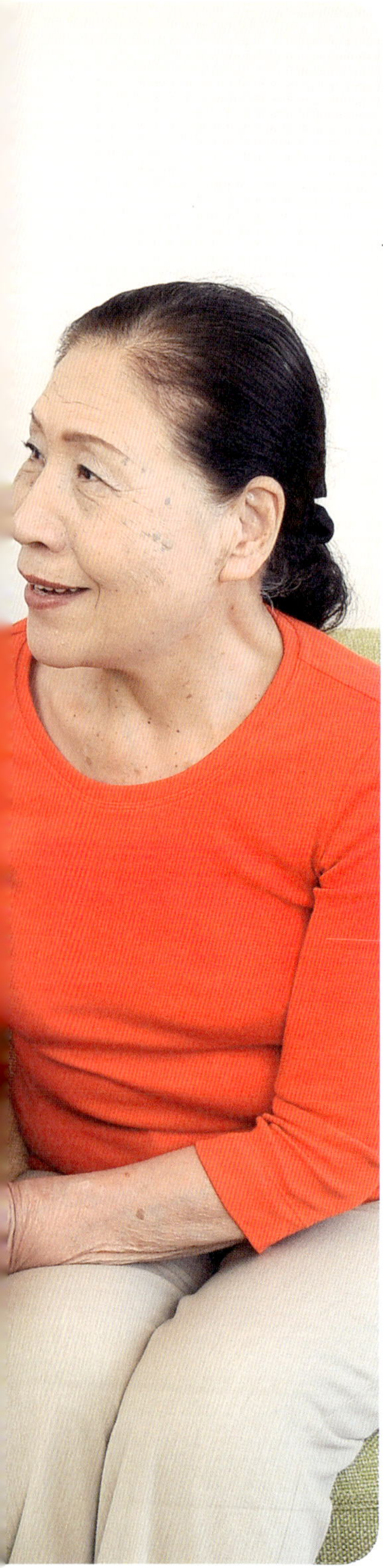

COLUMN

# 家族でのルールの統一ちゃんとできてますか？

## ～犬が混乱するバラバラルール～

犬と暮らす家族でのルール統一は基本であり、とても大切なことです。お母さんはやっていて、お父さんはやっていない、子供はやってたりやってなかったり…これでは、犬は混乱してしまいます。例えば、甘がみをしているときにお母さんは無視をする…にもかかわらず、お父さんはひどく怒ってしまうと、犬はどうするのが正解なのかがわからなくなってしまい、さらに悪化してしまう可能性が出てきます。なんらかのトラブルを直すためにひとつのゴールへ向かっているのなら、家族で「これはこうする！　あれはああする！」という、確固たるルールを作りましょう。

COLUMN

# 突然襲う震災に向けて愛犬にできることとは

## ～震災時あなたの愛犬は大丈夫？～

日本は地震大国というように、最近ではもっぱら地震のニュースが飛び交っています。人ではどうしようもない大自然の脅威。もし何かあったとき、愛犬はどうしますか？

もっとも理想とされるのは『同行避難』です。避難場所にもよりますが、犬となにかあったときでも一緒に過ごすことができます。

しかし、かみつきはもちろん、吠えたりなどのトラブルを抱えていると、避難場所で受け入れてもらえないかもしれません。また、はぐれてしまったときは人が苦手な犬だと救助されない（できない）こともあります。こんなときのためにも、さまざまなしつけをすすんで行ってトレーニングを実施しましょう。

DOG BITE DIAL 110

CHAPTER 8

# かみ犬110番

多くの場合、かみつきの原因を調べること
原因を除去して、再トレーニングをすることで、
問題は解決するのですが、それでもだめな場合には、
ひとりでなんとかしようとは思わないこと。
プロの人たちと一緒に考えていきましょう。

## カウンセリング

## 内科的療法

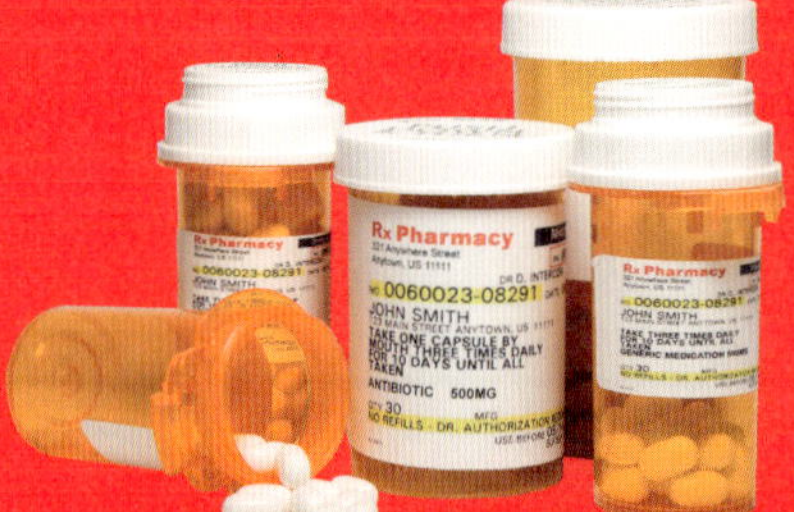

# 専門トレーナーに相談

CASE STUDY

# かむ理由が見つからないので、とても心配です。

子犬の頃は甘がみ程度のかみつきでしたので、何の心配もありませんでした。ところが成犬になったら、何か気に食わないことがあると、反射的に『ガウッ』とくるようになりました。何が気にくわないのだろうと、いろいろなシーンを観察してみましたが、原因がまったくわかりません。同じシーンでもかむときもあればかまないときもあるのです。ですからしつけをしようと思ってもうまく行きません。訓練士に預けても、その訓練士の前ではいい子のようで、「特別、教えることはないですね」と、そのまま帰ってきてしまいました。

先日は遊んでいるオモチャを取り上げようとしたら、かなり強い力でかまれてしまいました。出血が止まらず病院で治療をしたのですが、先生に「まさに、飼い犬にかまれた、というわけですね」と言われて、恥ずかしいやら悔しいやら、その怒りの矛先を愛犬に向けてしまいそうになってしまいました。このままでは、私もノイローゼになってしまいそうです。

そればかりでなく、散歩の途中でよその方や犬をかんでしまったら、と考えるとゆっくりと散歩もできません。最近は他の人がいない、深夜とか早朝に散歩をするようにしています。睡眠不足も私のイライラに拍車をかけているようです。そんな私を見て、飼い続けるのは無理なのではないか、と家族もいいます。

かみつきさえなければいい子なんですが、なにかいい解決方法はないものでしょうか。

ANSWER

# ひとりで悩むのは禁物です。専門家に相談を

　かみつく原因がわからない場合、そして、それ以外のしつけがしっかりとできている場合、再トレーニングを任された訓練士がお手上げになってしまうこともあるようです。この問題の解決方法は、問題行動専門のトレーナーに相談をしてみることです。最近のトレーニング業界には、さまざまなトレーナーがいます。それぞれ得意分野がありますので、まず、そういった問題を多く扱っているトレーナーに相談をすることをおすすめします。専門外でも矯正訓練をしてもらうことはできるのですが、このケースでは、原因が飼い主にもわからない所にあるようですので、より経験の多い人から指導を受けた方が適切な答えが得られると思います。ネットなどで専門トレーナーを見つけることができます。原因のもうひとつとして考えられるのは、血統と病気です。

　血統によるかみ犬の増加は、欧米ではすでに問題になっており、ここ数年、日本でも同様のケースが見られるようになってきました。

　以前、いろいろな手を打ったのですが、かみぐせが抜けなかった犬がいました。その犬の飼い主が、「どうにもならないケースってあるんですよ」といって、泣く泣く犬を手放したシーンに立ち会ったことがあります。おだやかなときの犬の表情を見ていると、とても信じられないのですが、飼い主の手についているかみ傷の多さを見ると、胸がつまる思いがしたものです。

　アメリカではどんなかみ犬でも扼殺をしていけない、という考えの元、プロスタッフのネットワークで取り組む人たちもいます。

# 専門のトレーナーを選びましょう

しつけの問題は誰に相談をすればいいのでしょうか。真っ先に頭に浮かぶのはトレーナーや訓練士など、しつけのプロのみなさんです。彼らももちろん多くの問題行動を取り扱ってきていますが、かみつきについては、もう一歩踏み込んだトレーニングが必要な場合があります。

それはトレーニングというよりは、犬の行動について知識の深い人に相談、ということになります。欧米ではドッグ・ビヘイビアリストという専門職の人がここ数年で増えてきています。これらの人たちはビヘイビア、つまり行動について犬たちを指導していきます。日本では未だこの分野の専門家はほとんどいないのですが、これらの知識を持って、行動修正に取り組んでいるトレーナーがいます。

# カウンセリングにウエイトを

　ドッグビヘイビアリストたちは犬の行動を矯正するわけではなく、その犬たちが抱えている問題を発見して解決をしていきます。そのため、飼い主と多くの時間話し合って、状況を把握していくのです。問題はどこにあるのか、どのように導いていくのかなど、トレーナーというよりはカウンセラー、といったかんじです

## ■犬が自ら動くようにすること

　不安や恐怖は自分で克服をしていくしか解決の方法はありません。誰かに助けてもらっても、それではまた同じ問題が起こってしまいます。このトレーニングのポイントは、犬が自ら動くようにしむけること。そして徐々に自信をつけていくようにします。決して特殊な訓練ではありませんが、やはり多くのケースを見ているトレーナーの方が、適切な指導ができるようです。

## ■犬と環境をじっくりと観察

　飼い主には見えない犬たちの行動があります。さらに飼い主が勘違いをしているしつけの方法も意外と多くあるものです。ビヘイビアリスト、あるいはトレーナーたちは、時間をかけてじっくりとその問題を解いていきます。問題を解決するためには、その問題を負ったのと同じくらの時間がかかる、という専門家もいます。

# 内科的な治療方法

どうしても対処できないような行動に対して、内服薬などを使用する内科的な治療方法をとるケースもあります。日本では薬を与えることに対して、若干、抵抗を感じる飼い主もいるようですが、アメリカなどでは画期的な成果をあげています。原因が犬種特有の遺伝的なものであったりする場合、これは行動治療だけでは解決ができないこともあるからです。しかもこのケースは増加する傾向にあります。

ただし日本国内では、こういった治療を行える獣医師は数が少ないのが現実です。とはいうものの、まったくないわけではありませんので、希望を持って相談をしてみるようにしましょう。どういった病院があるかについては、インターネットで検索ができます。

# チーム治療がポイント

アメリカ、イギリスといった犬の先進国では、問題行動については、トレーナーだけでなく、獣医師、ドッグ・ビヘイビアリスト、そして飼い主が一緒になって改善に取り組むのが一般的になっています。日本も徐々にそのスタイルに近づきつつあります。飼い主も動物病院、あるいは訓練所に犬を連れていくだけでなく、一緒に治療に取り組む心構えが重要になります。ただし行っている施設はさほどありません。ひとりの意見に傾倒する前に、みんなの意見を仰ぐようにすると、愛犬と何をすればいいのかが見えてくるでしょう。

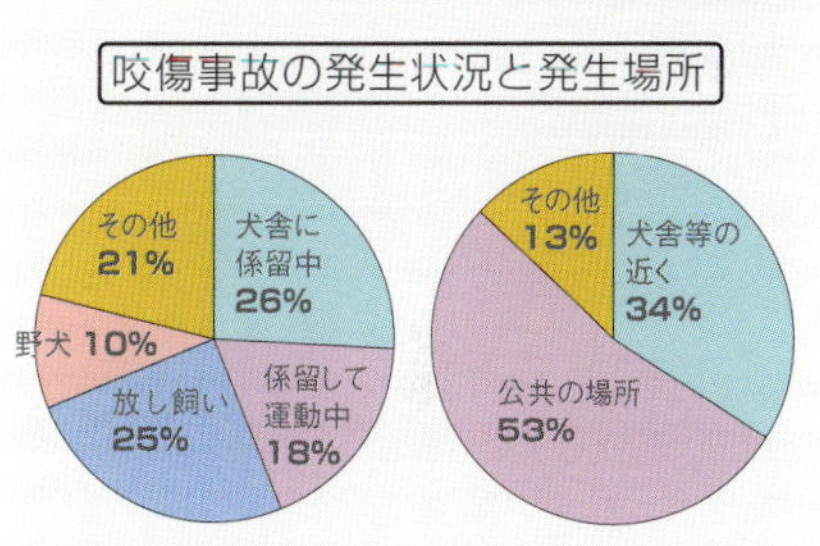


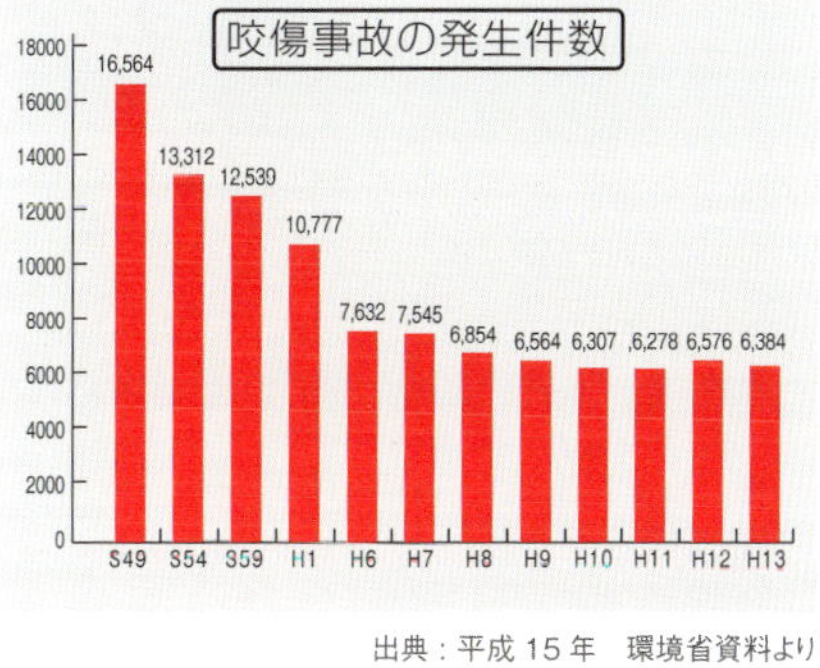


出典：平成 15 年　環境省資料より

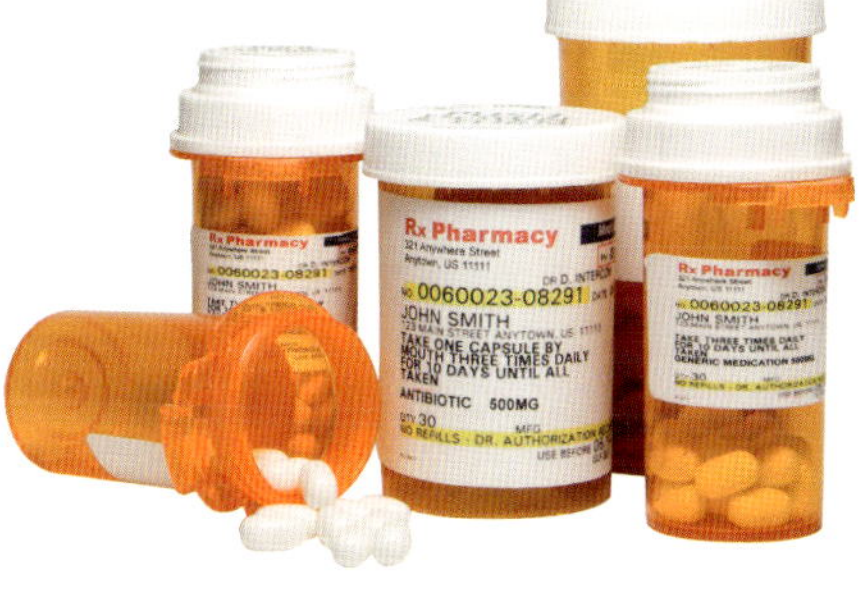

COLUMN

# ふたたび しあわせな生活が できることを願って

日本でも動物保護センターから多くの犬たちが引き取られ、新しい飼い主の元で第二の人生を送る犬たちが徐々に増えてきました。しかし、その道を絶たれる犬たちが今もいます。それは多くがかみぐせのある犬たちなのです。あるいはかみぐせがあるために飼い主たちから放棄されてしまった犬たちもたくさんいます。

誰に対しても不安や恐怖を感じてかむ素振りを見せる犬では、飼い主はおろかトレーナーでさえ、再トレーニングができません。アメリカでは死亡事故にならなくても、人間をかんだ犬は扼殺する決まりになっている州もあるほどです。しかしそれは果たしてその犬のせいだったのか、と考えてみることも必要かもしれません。

遺伝的な問題、間違ったしつけなど、多くは原因を人間が作ってしまっているのです。

STAFF

編集……………(株)エー・ディー・サマーズ
撮影……………平山瞬二
沼尻年宏
ザ・スタジオ
イラスト…………那須村 幸子
てばさき
デザイン ………下井英二+早川真理子(HOT ART)
モデル犬 ………チワワ、パフェ、アリス、エコナ、夾、漣、ウルフ、バーキン、他たくさんのワンコたち

# 実例《じつれい》でわかる即効解決《そっこうかいけつ》
# 気《き》になる犬《いぬ》のかみぐせを直《なお》す

NDC645.6

2012年 7月 30日　発　行

編　者　愛犬《あいけん》の友編集部《ともへんしゅうぶ》
発行者　小川雄一
発行所　株式会社　誠文堂新光社
〒113-0033　東京都文京区本郷3-3-11
(編集) 電話 03-5800-5751
(販売) 電話 03-5800-5780
http://www.seibundo-shinkosha.net/

印刷所　(株) 大熊整美堂
製本所　(株) ブロケード



ISBN978-4-416-71242-9